五種時間

重建人生秩序

王瀟 著

萬里機構

序言

時間管理的前世今生

我根本無法做到在旁邊有手機的情況下寫完這本書。

這件事本身是一個極大的諷刺，我明知自己正在寫的就是一本關於時間管理的書，我也知道按計劃該何時寫完，每天該寫多少，但我還是會拿起手機。很多次，當我以為我正在進行深度思考，但突然間，我發現自己的手指頭卻在屏幕上滑動。

我和很多人一樣，從未像現在這樣需要求助於時間管理方法。

在此之前，我作為一個時間管理文創品牌的創始人，接觸過GTD（Getting Things Done）時間管理方法、柳比歇夫時間管理法、時間軸法、時間四象限法、番茄工作法、甘特圖法、垂直分析法、「三隻青蛙」時間管理法、四點起床法、專注冥想法和視覺模擬計時器法等等。我在寫上一本書的時候，還嘗試用思維導圖把既有的時間管理方法納入一個總邏輯中；結果發現，思維導圖會讓我們大腦的雜亂更加一目了然。

我還發現，時代更迭的速度早已超越了時間管理體系更新的速度；而我們，總是妄想用舊方法解決新問題。

每當提到「時間管理」，我們總是被引導應該這樣做：

- 記下來，這樣就不會忘記每一件該做的事情；
- 使用日程表和條狀圖表，讓項目進度有條不紊；
- 分清楚哪些重要，哪些緊急，遵從二八法則設定優先級別；
- 要進行整體規劃、長期規劃，小目標要服務於大計劃。

以上都對，都能解決局部問題，更準確地説，它們曾經滿足了不同時代的人對時間管理的需求，代表了各種背景下的時間管理特徵。如果我們仔細研究，會看到已知的「時間管理」概念從出現至今，隨着生產力的變遷已經經歷了至少四代的發展。無論環境怎樣變化，勤勞的人類從未停止訓練自己切割和使用時間的能力。人們很清楚，時間永遠有限，需要練習切割時間和使用自己短暫生命中的可能性。可喜的是，每一次時代變遷，都有新的時間管理方式應運而生，人們一定會重新獲得時間管理的自覺和啟蒙。

在正式進入本書的閱讀之前，我們需要先找到自己在整個發展坐標軸上的位置，了解時間管理的前世今生。

上古時代：時間管理的備忘時代

上古時代，人們用結繩記事和壁畫來確保事情不會被遺忘，這和我們今天用備忘錄和便箋一脈相承。由於認知水平和生產力水平低下，當時的人沒能力計劃明天和全盤思考，只好專注於當下事務。祖先在繩子上打好一個結，類似於今天我們在記事貼上打一個鈎。這就是為甚麼你在使用備忘錄的時候會感到缺乏線性時間的約束。

農業時代：時間管理的計劃時代

農耕文明是一種充滿耐心的文明，因為那時我們的祖先懂得跨越季節播種和收穫，這讓時間線拉到了空前的長度。祖先開始按年、按月、按星期、按天計劃農業勞動，如同我們今天使用清單、日程表、計劃表和條狀圖表，農業時代的圖表結構看起來已經和今天的 Excel 表格一樣規範工整。如果你發覺這樣的清單和表格缺乏對輕重緩急的判斷，那是因為現在的你已經不再按照節氣和季節開展活動。

工業時代：時間管理的效率時代

19 世紀以後的工業時代，迎來了人類生產效率的轉折點。當不同的工序和節點對生產進程的影響出現巨大差別時，優先級決策成了最核心的事情。著名的時間管理理論四象限法則和華羅庚的運籌學都在這一時期被提出，幫助人們擇優安排時間。四象限法則非常適合對工作場景的任務再分類，這就是為甚麼你在歸納和填寫四象限時會感覺重要和緊急事項突顯得相當清晰，同時會對不重要和不緊急事項產生困惑，因為在生活中人們偏偏喜歡做很多不重要和不緊急（但又很想做）的事情。

訊息時代：時間管理的價值時代

再後來就是我們熟悉的世界，互聯網帶來的全球化展現了價值觀的多元化和生活方式的參差多態，人們突然發現有無數文本可以讀，無數圖片可以看，無數事物可以去了解。訊息傳遞的速度越來越快，使得人們必須迅速找到方法甄選和採集對自己有價值的訊息，隨即誕生了各種各樣的訊息處理工具，包括效率手冊和效率管理 App。在這個時期，無論是紙本工具還是手機端工具，都有一個共同的特點，即人們開始發覺自己的獨特性，追求人生的自定義和自我實現。但是科學技術的發展速度如此驚人，人們還在尋找更得心應手的方法來處理如此大量的訊息，智能時代眼看就要來了。

智能時代：時間管理會對應進入甚麼時代呢？

我們此刻正處在智能時代將來但未來的黎明。

智能時代是電腦和人腦一起思考，也是電腦技術已經開始有能力反過來干預人腦的時代。

在訊息時代出現之前，人們的主要任務是同時處理事件流和時間流，把事件納入時間當中予以解決，但隨着電腦對生活的滲透逐漸加深，人們不得不開始處理越來越高頻、越來越大量的訊息流。在即將到來的智能時代，訊息被空前地武裝起來，變成追逐用戶的定向廣告，按照上癮而設計的應用，堆積的訊息湍流，沖刷着我們的焦點和耐心。智能手機以精準的判斷完成了對我們極具個性化的吸引，武裝後的訊息流帶走了處理事件流和時間流的時間，更壟斷了我們寶貴的精力和注意力。

智能時代與以往全然不同，想要做到有效的時間管理，就要充分意識到並培養自己的兩種能力。

第一種能力：手機上的每個應用都在爭奪你的時間，它們要的不是點擊，而是你的一部分生命。應對、處理和關閉訊息流的能力，對時間的覺知和應用能力，就是智能時代的時間管理能力。

第二種能力：手機的每一次推送和對他人生活的展示，都是在衝擊你既有的價值觀，動搖你選定的道路，讓你對自己的生活產生懷疑。訊息流應該為你生命中的事件流服務，而不是讓事件流反過來被訊息流擊潰。找到可支配時間，管理自己的人生秩序，而不受訊息流和他人預期的干擾，才是真正的時間管理。

本書的內容邏輯，是從五種時間的分類和概念出發，掌握在智能時代覺知和應用時間的「花園」模型，從而獲得一種獨特而連貫的經驗。希望正在到來的智能時代能夠成為時間管理的花園時代。

我在寫這本書時全程所經歷的，就是來自智能手機的考驗。本書的寫作過程，同樣也是我的時間花園的建造過程。當寫作完成時，我和我的時間管理體系都獲得了一次全面而豐富的升級。整個體系通過文字已凝結於書中，得以讓思考結果與所在的時代同步。在本書中，我充分敘述了五種時間管理的結構和執行方式，希望讀到的人可以重建自己人生的秩序。

祝願每一個像我一樣，已經深深被手機影響了生活節奏的人，都能擁有敢於重建人生秩序的決心。只有當人們不再被舊的框架束縛，為自己創造一個天然和自由的環境，才有能力把這個時代巨大的訊息沖刷變成養料、陽光和水分，用它們來滋養生活。當你能夠對訊息進行重新辨別和分類，把舊有、無效的待辦事項在腦中刪除，就可以使用這種能力做到你從未做到的事情。到那時，你能夠引導和控制無邊無際的閃念，並利用它們來實現你的願景。時間花園會用它的生長和創造機制，將一個人從精神折磨中解放出來，帶來清新、充盈的力量，引領持續行動。

期待大家能夠耐心讀到第七章花園模型的出現；因為在智能時代，懂得建造時間花園的人，將收穫未來的果實。

目錄

03 賺錢時間：終極等式

04 好看時間：身體主義

05 好玩時間：收集世界

06 心流時間：奉若神明

"Man is a perpetually wanting animal."

Abraham Maslow

"人總是在希望着甚麼。"

亞伯拉罕 · 馬斯洛

01

神燈和它的主人

擁擠的許願池

由於創立了一個文創品牌，我每年能看到數以萬計的人類願望。

這個品牌銷售量最高的單品，名叫「趁早效率手冊」，當中含有條目細緻的願望清單。我從小使用類似的手冊作為時間管理工具。從我把它做成一種商品並建立品牌到現在，已經有 10 年的時間。第一年，這款手冊銷售了 3,000 本，到現在「趁早效率手冊」和拓展出來的各種時間管理類手冊每年售出超過 100 萬本。每年也許有幾十萬人把願望寫在「趁早」的紙本上，但最初幾年，我看不到人們具體在紙上寫了甚麼。

隨着移動互聯網普及，使用者開始在微博上提醒（@）我，提供他們的使用反饋、展示他們的願望清單。2016 年初的一天，我發現我的微博未讀消息「爆炸」了，幾天之內我收到無數人的新年願望和年度計劃。

更奇特的是，到了年底時我的微博評論區成了心想事成的告示板，大家會展示年初願望清單的達成報告，報告愈積愈多，反覆幾年之後，「趁早效率手冊」開始被大家稱為「阿拉丁神燈」，手冊末段「一生的計劃」的填寫部分成了使用者的許願池。後來因為大家的願望清單和達成報告實在太多，我已很難看完所有微博評論，於是委託同事進行統計和記錄。

統計的初衷當然非常單純，除了收集產品反饋，我們也想看看甚麼樣的願望最多，這樣可以按需求設計、生產新的品類，賣出更多的本子。

所以首先感謝我們樸素的賣本初心，不然不會有後面的行動，更不會產生這套「五種時間」理論 —— 第一批收集回來的統計結果，帶來了我和團隊的質變時刻，讓我們的創業之路改變了方向。

99% 相似願望清單

還記得那天下午，負責統計的同事開始講解 PPT，準備欣賞來自四面八方、千奇百怪的願望。我們期待着接下來被哪個願望擊中，好讓我們就此獲得靈感並展開熱烈的討論，產生一個新本子的創意。那時候，我們一心想成為國內知名的時間管理文創品牌，魂牽夢繞的都是本子，本子就是我們的全世界。創業過程中靈感的捕捉很難説，開始可能是為了做那件事，結果卻成就了另外一件事。

隨後，當統計結果以一個餅狀圖的形式呈現時，我們都沉默了。預期裏漫長的下午並沒有出現，在那頁 PPT 上，我們看到千萬個神燈的主人擦動燈身，許下了驚人地相同的願望。

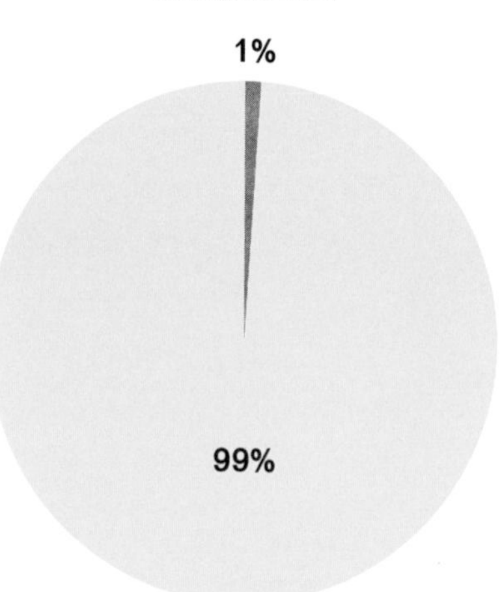

整個餅狀圖的分佈如下：

金榜題名、升職加薪、結婚生子、買樓買車，這些願望都被描述得非常具體和確定，佔據整個餅狀圖 99%。

剩下的是其他愛好類願望，基本被描述為「希望能有更多時間做某事」，包括閱讀、看電影、旅行、運動、唱歌、玩遊戲、學樂器、繪畫、寫作、談戀愛、親友聚會等，這些加在一起，大概只佔餅狀圖 1%！

顯然，我們沒有從統計結果中獲得任何天馬行空的啟發，因為參與許願的所有人想要的人生看上去都差不多，毫無新意。如要拓展文創品類，倒是可以開發「金榜題名、升職加薪、結婚生子、買樓買車」這 4 種項目的深度管理手冊。

當然，如果你也曾使用「趁早效率手冊」或願望清單等工具，你一定曾寫下類似餅狀圖那 99% 的願望，我也是。我從小在手冊上寫的都是諸如此類的願望，如考試成功，我還會細化和分拆這些願望，並為實現它們樂此不疲。直到今天，我的願望清單依然會包括公司收入和發展里程碑這些東西。作為時間管理類手冊公司的創始人，我本身也必須同時是一個許願專家。

為自己設定該做及自由空間

從小到大，我一直把我的願望分成了以下兩部分：

1. 做好周圍世界所有人讓我做的事

似乎做好這些事後，別人和我才都能感到舒適，如升學和考試，我做好後爸媽好像比我更舒適。再如上班以後那些任務，我做好之後老闆好像更舒適。第一部分願望確實用了我的絕大部分時間，但我非常努力地完成及做好，因我知道只有待第一部分基本做到，才能讓我的第二部分願望上場。

2. 我想要的空白、自由，哪怕無所事事

核心就是，誰也別管我想幹甚麼，我樂意幹甚麼就幹甚麼。我

可以拿一本書在床上從東滾到西看到天黑，也可以一時興起在家做頓飯，或出門看場電影、到泳池游泳。不同時期我的偏好還會發生變化，如有段時期集中用來談戀愛；另一個時期非常迷戀一部美劇。總之這部分願望的重點，就是一定要有足夠的空白時間由自己作主，在這段時間裏，我要自由自在。

這種狀態持續到 20 多歲，但有一天我突然發現，同齡朋友都在關心金榜題名、升職加薪、結婚生子、買樓買車這些事，好像一夜之間他們都變成了大人，需要按時按量完成一些規定動作才舒適。要說這些事對我來說舒適不舒適呢？不好說，有的舒適，有的不舒適。我很清楚的是在這套規定動作之外，自由自在對我來說一定是舒適的，而且自由自在的量一旦減少，我肯定又不舒適了。

用心設計的效率手冊

於是當我 20 多歲時專門給自己設計了一種本子，那時候的行動與其說是為了規劃好我這兩種願望，不如說是為了對付第一種願望。這種本子就是後來的「趁早效率手冊」的雛形。

如你是「趁早效率手冊」的使用者，你一定熟悉其中的內頁設計：

在厚本中，每天的早晚區（Morning、Evening）都是空白框，而白天區是常見的橫線，每週的週六和週日兩天也被設計成大面積的空白框。十年來，每年都有使用者來提意見，説好好的本子，好好的時間管理，內頁全都設計成橫線和時間軸多好呀，弄這麼多空白框是為甚麼。

這些空白框，就是為了實現第二部分的願望，就是給自己僅剩的自由時間提供肉眼可見的行使區！白天裏的橫線很可能是不得不完成的東西，即那些做到了會讓別人舒適的部分，而空白框才是留給自己做主的部分。

這就是當我（曾用心良苦地為第二部分願望設計這麼多空白框的人）看見這個 99：1 的餅狀圖時，那麼失望的原因了。其實空白框的佔比在本子中已經很有限了，週一至週五，空白框和橫線是按 3：7 來設計，這個比例是我認為在真實生活中我們能爭取到的自由靈魂與大概率快樂之間最大的比例。

甚麼是大概率快樂呢？

就是指世俗進階的項目，如金榜題名、升職加薪、結婚生子、買樓買車，我們每個人經歷時，大概都會感到快樂——因為，努力獲得回報，好運氣終於降臨；但我同時也知道，我想要那些自由時間裏的自由生活。

「趁早效率手冊」原本內頁

一月 / January

5
Tuesday

MORNING

☐
☐
☐

EVENING

☐
☐
☐

第二部分願望未必能讓我獲得世俗意義上的進階，卻能讓我常常感到快樂，甚至感到幸福。所以這 10 年來，我固執地保留着本子裏的這些空白框。在本書裏，我需花最少一章仔仔細細真正説清楚這種持久的追求意味着甚麼。

如果你感覺我説來説去都是圍繞本子，還是琢磨賣本子，那你就落後了。我希望你從現在開始，和我一起原地飛升，飛離這些橫線和空白框，讓我們忘掉本子吧！

洋葱式追問

在公佈統計結果——願望餅狀圖的那天下午，我就開始忘掉本子了，因為我被隨之而來的使用者反饋的問題全面性難倒。

早在那天下午前，我已算是暢銷書作家，靠敘述自己的人生難題獲得了一些影響力。在我 30 歲剛開始寫這些人生難題時，使用的寫作方法很簡單，可以叫作 PPT 式寫作。每當遇到一個問題，我就提出問題，並通過敘述展示產生這個問題的背景，最後努力地讓自己提出解決方案。説是「努力」提出，不僅説明我自己非常需要找到一些解決方案，不然沒法往下走；同時也説明我思考問題的能力有限，得使勁想才有結果或才能理解事情的本質。

後來，人生難題不斷出現，我又出版了新書，寫作方法已經開始發生變化，當時我稱之為「洋葱式寫作」—— 回答難題，但不是一個難題就能對應一個答案或一種本質，而是需要層層向裏剝開，這一層的答案可能藏在上一層當中，真理愈剝愈明。

再後來，我發現剝開洋葱這個形容不對，洋葱剝到最後並沒有核，是空的。但我追問到最後，可是得有核的，有核才能扛得住終極追問。所有的難題都有一個相似之處，即發現難題暫時無法逾越，動彈不得時，卡在當中的你一定就會向自己發問：為甚麼非要逾越，太難了不逾越行不行？為甚麼是這條道路，其他道路行不行？為甚麼要開始，早知這樣不如不開始？

我的思維成長方式和大家一樣，也經歷了從 PPT 式到洋葱式，到想找到核的過程。

那時的我認為一個人的核就是結構，一個人的結構本質上是哲學結構，我還把類似觀點寫到之前的作品裏，觀點的方向沒錯，但是弄得高屋建瓴，引導意義就差。這就好比當一個人來問：「我今天的時間管理計劃該怎麼做呢？」我回答：「這還要從你的世界觀談起。」這種回答就很令人討厭，顯得只有我有哲學素養一樣。

這種回答都源於當時我沒有能力把時間管理問題真正結構化。一個人的核是結構沒錯，但是這個結構必須是日常可操作的認知，只有這樣才能清晰地發揮作用。現在如果有人問我這個問題，我可以從這人的時間分類和行為分類入手，清晰地給他結構化、可操作的模型和答案。我當時若是「假大空」人生導師，現在則是貨真價實的時間管理專家了。

以下這些為當天下午收集的反饋問題，都是「核」的問題，很多問得非常具有針對性和發人深思，我判斷這裏有你曾經想過但沒有找到確切答案的問題。如果真的有，就請帶着問題繼續讀這本書，你在後面的章節會找到確切的答案。

問題 1：

我剛開始工作不久，雖然目前的工作我不喜歡，但我知道這是暫時的。我對未來依然抱有遠大的目標，也有強烈的夢想，但這份工作特別佔用時間和精力，一天下來我很難學習和追求別的了，我應該怎麼辦呢？

問題 2：

有的人天生特別愛玩，我覺得我就是這種人。我也同意延遲滿足，人應該努力，但是努力太久對我來説就是痛苦，我也覺得背離了我的人生意義。但是我現在也不知道一大應該把多長時間留給玩，留少了我很委屈，留多了我又焦慮，也不知道一個人應該延遲滿足到甚麼時候才有資格真正滿足，應該怎麼安排才是最合理呢？

問題 3：

我特別愛看網絡小説，尤其是玄幻穿越主題的，週末能看一天都不出門，並且能完全代入當中的人物，感覺跟着精彩的情節過了好多輩子。我爸媽特別討厭我這個愛好，説一不掙錢二學不了東西，浪費生命，強逼我週末做更有價值的事。我想知道，到底甚麼算有價值的事？我用自己的時間做自己喜歡的事，有沒有價值？

問題 4：

我喜歡每一次階段性成功的感覺，也這樣努力了很多年，幾乎沒有甚麼假期，一直很勤奮。但我今年逐漸發現，實現目標後的快樂越來越短暫，我會馬上轉向下一個更大的目標，而新的目標實現起來時間更長，難度更大，我才發現我快樂的時間加在一起其實很少。我想知道，制定目標再實現目標這件事的盡頭到底是甚麼？

問題 5：

我是職業女性，生了孩子以後，發現家庭和事業之間的矛盾很大，在時間選擇上就是非此即彼。現在的情況是，陪着孩子時我忍不住看手機想着工作，出發去工作還是會對孩子心生愧疚，反反覆覆。我想知道二者兼得的人是怎麼做到，還是說根本不存在二者兼得的人？

問題 6：

我拿着一份穩定的薪水，生活算不上好，但也不糟糕。沒有甚麼大志向，平靜麻木地過一天是一天。理想是甚麼？我沒想過，也認為和我這樣的人沒關係。我想知道那些每天全力以赴的人其動力從哪兒來。為甚麼我沒有改變的動力？

獨有的錯亂

2018 年，在形成「五種時間」理論之前，我出版另一本書 ——《時間看得見》。嚴格來說，這本書仔細說明和示範了甚麼類型的人，在何種情況下，應該怎麼思考和使用時間管理的紙本工具來幫助自己解決問題。

同時，我在該書的宣傳文案中概括了這些問題：

- 不知道從哪裏開始，不明白一切是為了甚麼；
- 夢想時有時無，目標模糊不清；
- 間歇性動力喪失，難以持續專注；
- 虛度大量碎片時間，習慣性拖延；
- 長期自我懷疑，糾結人生方向；
- 莫名恐慌焦慮，週期性情緒化；
- 對戀愛的未來沒有期待；
- 反覆開始，最終放棄健身；
- 長期分不清是懶還是累。

這些問題在生活中很普遍，更讓人討厭的是它們的散亂和反覆。我們明知道自己有這些症狀，但是不知道治療方法，最終成為時間管理能力不足的受害者。

現在，讓我們準備好站在「五種時間」的高度來重新看待這些症狀，這些症狀都歸於一個共同的原因 —— 重大事務優先級錯亂。

重大事務的優先級不是一直錯亂的，而是隨着年齡的變化，會出現若干個錯亂時期，集中出現在幾個人生階段。

這種錯亂很少發生在學生時代。因為在學生時代，就算個體差異很大，我們也都很清楚地知道個人行為的第一個優先級是學習，我們明白一切都是為了考試，目標就是考試成功，簡單明瞭。很多人之所以多年以後對學生時代抱有一種「可疑」的懷念，根本上是懷念那種目標的單一性帶給人的執着感。

大學畢業之際，錯亂就正式開始了，因為人生道路開始分岔，選擇不一而足，有人立刻開始工作，有人要繼續學習，有人啟程 Gap Year（間隔年），有人迅速結婚。立刻開始工作又有幾種選擇，繼續學習也分專業方向和國內、國外教育，如此種種，逼大家在嚴重缺乏選擇依據時，不得不匆忙做出選擇。選擇一旦做出，在命運之路上分道揚鑣。

在選定的道路上開始奔跑時，目標的單一性帶給人的執着感其實是治療這種錯亂的良藥。然而我們不總是奔跑，會在選定的道路上緩慢而行，也會停下來歇一歇，前後左右看，一歇一看，優先級錯亂就會襲來。你會看到自己和別人的不同，有的人更努力，有的人更輕鬆。然後你再仔細一看，發現這些來自你們所做的不同選擇，在你奔跑的時候，他們似乎還花時間做了別的事。有的人是每天健身，有的人是談戀愛，有的人是剛好進入了時代的快車道。

完了，這時候你錯亂了。你低頭看看自己走的這條道路，又看看每天僅有的這點時間，搞不清楚自己是應該健身、換對象，還是換個行業了。

我們太容易被人影響，但這或許不是我們的錯，大概是這個時代獨有的智能手機的錯，因為我們總是主動和被動地在各種社交媒體上看到別人的生活和工作。看到帶來比較，比較帶來羨慕和嫉妒，這時候人就沒法平靜。

我們看見好看的人、淵博的人、富裕的人，便心生嚮往。我的錯亂期也一樣，不過我的錯亂還要再加上一條。我説過我有兩部分願望，第一部分是世俗成功和大概率快樂的願望；第二部分是自由且主觀的願望。在社交媒體催化之下，我糊塗了，有一陣子我所有的願望都被撐到了第一部分，正是在餅狀圖中佔據 99% 那些。

於是錯亂期的我迎來兩個問題：第一，如果我是想實現以上願望，我到底有多少時間？第二，如果我的時間有限，我怎麼判斷哪些是我此時真實的追求，哪些是被訊息蒙蔽了雙眼？

每逢重大事務優先級錯亂，人就一定會作「洋葱式」追問。怎樣才能做到有效問到最後呢？我自己和「五種時間」線下課都使用了同一種方法，可以做到最大限度地問到最後。

極限情境

在正式展開講述前，我邀請你一起完成這個追問。完成後你會獲得一個屬你的結論，這個結論是我們接下來要做的梳理全書結構的關鍵性素材。

這個方法稱之為「極限情境」，在極限情境發生時，身處其中的人會更有可能面對自己內心的真實意願。

因此我們需要的是一次自我創造的極限情境（註 1），一場追悼會預演，我將它命名為「終局判斷法」。

此刻你的人生是一張命運地圖，你現在於 A 點，要往 B 點，所有的時間管理方法，都是試圖在 A、B 之間連接一條最短的線。終局判斷法就是幫助大家錨定 A，尋找 B，而找到 B 非常關鍵。盡量明確 B 不僅能解決當下的錯亂，還能夠解決我們未來大約 80% 的疑惑。當我們情緒崩潰或經歷跌宕時，它會讓你記起原本的方向，會讓你在每次做出重大選擇時，不背離自己的優先級。

註 1：外界環境力量作用於我們身上的過程，在心理學上被稱為「影射」(priming)。在極限情境中設置文字、畫面，音樂及互動，成為感官線索，在意識和潛意識兩個層面對我們的行為產生影響。

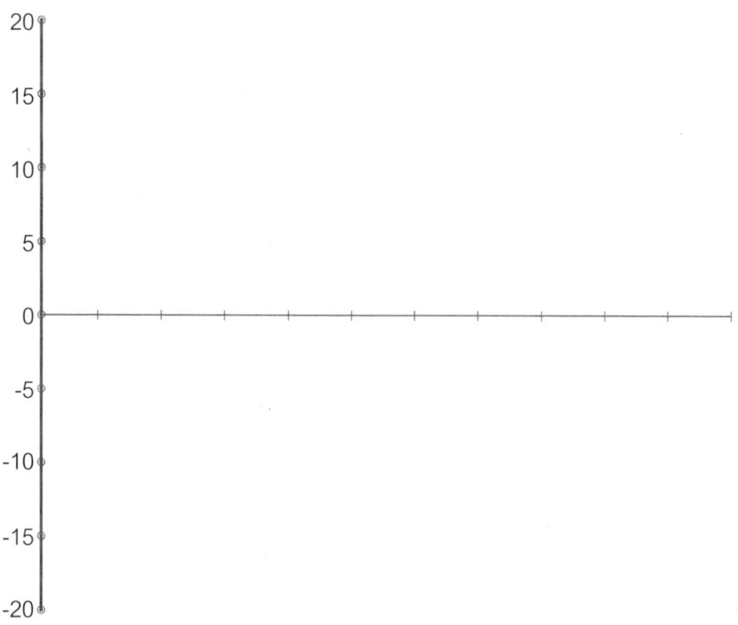

關於終局判斷法，我把它分為兩個步驟 —— 第一步用「人生起落圖」回顧前半生，錨定 A 點；第二步用「追悼會策劃表」探索後半生，尋找 B 點。

人生起落圖是一個直觀圖表，用以回顧你的人生軌跡。橫軸是從出生至今你的年齡，可以根據當下年齡來界定一格代表 5 歲或 10 歲；縱軸是你的人生狀態，上限是巔峰體驗，下限是絕望低谷。

假設一個人一生的巔峰體驗是 20 分，絕望低谷是 -20 分，你需要回顧和標記自己從出生到現在歷經的波峰、波谷、high 點、沸點、燃點、頹點，那些是你感覺極好和極差的時刻，然後把對應事件標註在相應的位置，最後連接成一條曲線。這條曲線，就是迄今你的人生起落。

人生起落圖的意義在於：

1. 記錄每一個決定性瞬間，清楚掌握前半生的因果關係，你曾因為甚麼樣的決定，收穫了甚麼樣的結果；
2. 看清你的得失感受取決於甚麼，哪些事曾讓你狂喜；哪些事曾讓你憤怒和悲傷；
3. 觀察你目前所在的位置、你的情緒和所處的時期。

我們就從這裏開始吧！

追悼會策劃表

繪製人生起落圖後，我們短暫地獲得了一個俯瞰自己前半生的視角，而後半生，我們繼續尋找自己的志向、遠方、所愛、所求。

如果說時間可以解決一切問題，那麼當下問題的答案會寫在未來。讓遙遠未來的自己審視今天的決定，才能分辨重要性和急迫感，那些縱然時光倒流還是會做的事情，就是今天需要的答案。解決今天的問題，需要用未來的視角，因為那看似用不完的明天，總有一天會用完。

我們可以通過填寫「追悼會策劃表」獲得未來的視角，在正式進行追悼會策劃表答卷之前，希望最好做到如下準備：

1. 請留出 1 小時的完整時間，譬如在靜謐的晚上；
2. 找一個獨處的空間，可以關起門、關掉手機，拒絕可能的一切干擾；
3. 條件允許的話，你可以關掉燈保持房間黑暗，同時點燃你喜歡的香薰蠟燭；
4. 準備你喜歡的鋼琴曲或輕音樂；
5. 最後，跟隨音頻引導，完成這份追悼會策劃表的填寫。

希望大家認真地完成這份答卷，我們會獲得一個「站在未來看今天」的角度。有了「終局判斷」，才能思考今天的「有所做」和「有所不做」。這份答卷將成為你的一生如何度過的重要參考文件。

這份答卷上的一切，能幫助你接近目標 B，請你盡最大可能書寫最真實的願望。只有在這樣的極限情境下，你寫下的才是最接近內心需求的願望清單——從一生的維度來看，甚麼最不可或缺，甚麼是矢志不渝，拼了命都要去實現的。在未來，當重大的挫折襲來，當你遭遇自我懷疑或有人離開，當你再次思考一件事情該不該、是不是、能不能的時候，拿出這份追悼會策劃表，再次仔仔細細閱讀。

我做人生中幾次重大的選擇，包括認為自己跌到人生谷底時，都使用了終局判斷法與自己對話，再次確定對我來説長期的價值是甚麼。譬如是否創業，譬如是否生育，譬如是否開始第一本書的寫作，譬如是否承擔更大的風險，這些都經由多次觀察我的「追悼會策劃表」而得出答案。有了那些很早就認定想做的事，之後的整個人生都會為此積累力量。

這份追悼會策劃表，就是屬於每個人的「借假修真」之旅，「真」是你剛剛寫下的生平描述，在極限情境中，是它們到你的腦海，帶給你震撼和啟迪，讓你知道曾經的體驗，一生才得以圓滿殷實。這些生平背後，是你賦予此生最值得活的定義。

「假」是你為了最終抵達那裏所不得不經歷的東西。可能要考試、煎熬、等待，度過很多漫長的黑夜，學會一些很艱深的技能，和一些很奇怪的人説話，記下蒙受的羞辱。但你知道哪裏要取的經，誰是路上遇到的怪，也知道此刻不具備技能、不經過交手就過不了這個關，但這統統是「假」。

再請你仔細閱讀寫下的生平，這是此刻最真實的你日後要抵達的地方，即所有的 B 點。人生的本質，就是追悼會策劃表

追悼會策劃

The Funeral Preparations

生卒年

每一個人都有一個確切來到世界的時間，請假設你消失的時間。

 — 

本份策劃你將囑託給誰？

需要在你可信任的人裏，託付一個在當天能夠執行這份策劃的人。

你希望現場用哪種鮮花裝飾？

它的樣子、它的顏色、它的芬芳，對你有獨特的記憶。

你希望在現場播放哪首背景音樂？

人生就像一場漫長電影，那麼它應該有一首主題曲。

你希望如何處理你的社交帳號？

存留於互聯網的記憶，那是存在過的痕跡和證明。

你會選擇甚麼方式和重要的人告別？

是寫信還是親口講，還是錄製一段視頻？在你離開後，等待他們去看，抑或是不告別？

邀請名單

一生遇見的親人、愛人、朋友、同事中，你希望誰來參加你最後的儀式。

追悼會策劃

The Funeral Preparations

你的生平

縱覽你的人生，你希望自己的生平是如何寫的？

__________是一個______________________________

____

家庭中，______________________________________

____

工作中，______________________________________

____

一生中，______________________________________

____

獲得了____

____

我希望我的生平由______朗讀。

墓誌銘

請寫下你希望在墓碑上的墓誌銘。

上你填寫下的這段時間。時間管理，就是如何利用此生有限的時間，讓自己到達那裏。

想要一切

每次 100-200 名同學參與完成追悼會策劃表的答卷，在燭光與黑暗中，我和團隊成員總聽到大家填寫時的輕輕抽泣，也正是在這些答卷中，我們終於見到和「趁早效率手冊」許願池中區別顯著的答案。願望清單中出現了顯著的比例轉移 —— 大概率快樂的目標不是縮小了，而是演化了，被每個答卷人在一生的目標和生平中用其他詞替代。

在一生的維度中，大概率快樂的事發生了這樣的演化：

考試成功 —— 被描述成「精通一個專業，並成為這個領域中的高手」。

升職加薪 —— 被描述成「做着有價值的工作，得到很多人的認可和尊敬」。

結婚生子 —— 被描述成「付出很多愛，也得到很多愛，體驗愛的溫暖與珍貴」。

有意思的是，「買樓買車」等具體願望在答卷中幾乎完全消失了。當大家從一生的維度來看時，車似乎已不在臨終回憶裏，而買樓的意向變成了體會愛與溫暖的介質，具象的願望褪去了。

我們還觀察到，關於錢的目標都不是孤立存在的，而是和有關自由的描述放在一起，「有足夠的錢讓自己自由地生活，做喜歡的事情，和愛的人在喜歡的地方生活」。

和年度效率手冊中的願望清單區別最大的是，幾乎在每個人的追悼會策劃表的生平描述中，我們都看到了我所説的第二部分願望 —— 自由自在。

旅行、健康、愛好、親友相聚、私人的好時光，那些在年度願望裏僅僅被描述為「希望能有更多時間去做某事」佔比 1% 的事，在追悼會策劃表裏大量出現。也就是説，當我們意識到僅有一生、時間有限時，每個人都懂得抓住自己認為最珍貴的事情。

雖然每個人對珍貴的定義各不相同，但我們在答卷中看到了人們這一生內心深處想要的究竟都有甚麼。其實很多世俗意義上的成功，都原本是獲得這些珍貴事物的橋樑，橋樑當然不是珍貴事物本身，但我們既要珍貴事物，也要橋樑，我們根本就是想要一切。

用有限的時間去換取一切，當然很難，但是我們有辦法做到。那就需要從現在開始，把時間看成你的資源，分配到各個目標 B 點去。你還需要對寫下的所有目標 B 點排列和歸納，看從哪裏開始做起，因為整個「五種時間」之旅，就是從對目標 B 點分類開始的。研究按照需求應該從哪裏開始展開行動，這些持續的行動會形成你的結構、你的質地。

從第二章開始，我們日常所從事的事務都可以分成五種時間，它們分別是生存時間、賺錢時間、好看時間、好玩時間、心流時間。它們有各自清晰的分類和定義，也有着規律性的進階關係。這本書將為你全面分析和講述它們的操作方式，引導你建立自己的結構，當你完全了解和應用之後，你就掌握了時間管理的全部真諦。

「五種時間」是一種全新的時間分類法，它把生命中所有需要和可能從事的事務分成五種，快速有效地助你辨認眼下所做的事情究竟屬哪種時間，以及給你帶來甚麼樣的影響和結果。辨認當下，是一件非常、非常重要的事情。

「五種時間」還能清楚地告訴你，表面上相同的行為對應到每個不同的人身上，完全可能分屬在不同的時間之中，它可以給你嶄新的角度思考時間的分配和選擇。

最重要的是，「五種時間」可以用花園模型展示出每一種人生都是按不同需求排列組合後的結果，你選擇何種花園模型，你就會獲得何種人生。同樣，你想獲得甚麼樣的人生，你就需要搭建甚麼樣的花園模型。

「五種時間」會助你獲得信念與方法選擇未來。

在這裏，你需要相信一些基本的因果關係，譬如想要秋天的果實，必須在春天播下種子。所有繁茂的花園，都曾經蕭瑟平靜，還沒發生的，都可以即將發生。

“There is no time for ease and comfort. It is the time to dare and endure.”

Winston Churchill

“現在不是安逸和享樂的時候。現在是奮鬥和隱忍的時候。”

溫斯頓・邱吉爾

02

生存時間：運動員密碼

我們的祖先和動物一樣，從出生起，就跌入了周而復始的生存時間中。我們躲避危險、追逐食物，尋找同類和族群的庇護，精疲力竭地整日奔走，為求一夕安眠。在飽足和晴朗的日子裏，躲避和追逐的間歇中，我們獲得一點點快樂。

進化到現在，除了睡覺、吃飯和走路的時間，我們會發現自己大部分時間依然忍受這個世界。在適應和克服之前，痛苦接踵而至，讓我們感到既無能為力又疲憊。

當我們看到有人縮短和跨越這種忍受時，就更深陷迷茫之中。為了緩解嫉妒和失衡，我們甚至接受「命運發牌」的比喻。我們會發現，一切似乎真的取決於命運之神的發牌和洗牌，忍受痛苦的強度和週期並不由我們決定。聽說就算在這種比喻之下，命運之神也只負責發牌、洗牌，玩牌的人是我們自己，不能拿到好牌的話，就要仔細研究怎麼打好壞牌。據說一張牌改變不了結果，關鍵在於是不是可以根據現有的牌形成一套戰術，圍繞其中最好的牌能不能打出一番排列組合。

「五種時間」不從運氣和等待發牌的隨機性角度來解釋生活。

在成長的歲月裏，總會有人走過來對你說：「算了吧！世界就是這個樣子，你就好好過你的日子吧！」你將信將疑，於是向對你說這話的人看去，發現他們的生活的確是這樣。可是，明明在很多瞬間，你感覺自己被朝其他甚麼方向的力量推了一下，雖然那個力量微弱而模糊。其實，你想聽聽那些生活不是這個樣子的人怎麼說。因為你知道，一旦你聽他們說了，一旦你看見了想要的東西，就無法再假裝今天和昨天一樣。

很多問題在特定的時間段是無法快速想明白的。生存時間就是這種典型的時間段，因為在生存時間裏除了忍受、等待還有失敗。多年以後，你才會知道，失敗意味着認知還不夠多、時間還不夠久，而你還有理由再來一次。也許要經歷三年失敗中的極度懷疑才有三年後的信心萬丈，但你說擔心堅持不到那個時候了。

回顧我們所知的故事，所有的勝利都因為曾經不夠強大，來自缺乏和不滿足。只有萬事俱備時才能獲得的成功，也沒有資格叫作成功。所有挑戰達成的基礎都是資源的缺乏，當初的挑戰者正處在與我們同樣的生存時間之中。

生存時間的可怕之處還在於，假如你不去逾越它，它就會反過來佔據、消耗和毀壞你的生活。但我們不必怕它，只要我們未來還有時間。畢竟時間是個用來計算變化的單位，時間不是用來等待的，而是用來迭代的。

甚麼是生存時間？

生存時間是五種時間中的時間分類。從字面意義來看，生存時間就是一個人為了生存所用去的時間。

吃飯時間和睡眠時間是生存時間最基礎的範疇，為了保證生存，所有人必須保障吃飯和睡眠所用的時間，大約佔據你每天 1/3 時間，但是按照先天遺傳和後天養成的作息習慣，每個人佔用時間的長度並不相同。

不過，在一天中基本無法摘除和挪動的時間——吃飯和睡眠，可能有更大比重的生存時間，是你為了生存必須用去的，你可能從未從這個角度計算和覺察。

「五種時間」體系對生存時間的定義是：大多數人在人生大部分時間裏，因為自身能力不足和外部條件限制，無法做到主動選擇而被動處於的時間分佈。

為了更好理解，我們對生存時間做了簡單分類，生存時間可能出現在以下幾種人生階段中：

1. 被安排

當你還沒有能力為自己選擇時，你生活中有能力的人（譬如父母、前輩，關心你感受的人、希望你安定的人）會幫你安排職業和人生道路。他們很可能替你選擇你不喜歡的行業和職位讓你先安定、生存。這種情況在就業初期經常發生。一段時間後你會發現喪失了目標，也感受不到職業的快樂，但你又不具備離開和轉變的能力。這時你被卡在原地，又不得不付出時間和快樂去完成當下的工作。這份工作所佔用的你的時間，就是生存時間。

2. 能力不足

你主動尋找新的行業和新的工作，但就目前就業市場情況來看，你發現其實沒得選。譬如你參加了 50 家公司面試，只有這份工作錄用你，你的日程是每天早上 6 時起床、吃早餐；8 時回到公司，一直到晚上 6 時下班前，你既沒有自己的時間，也做不到真心享受這份工作。在工作期間，你不會感覺到忘我的沉浸和投入，只有煎熬或混沌。你發現付出的這段時間對你來説除了工資，沒有更多的意義，沒有它你甚至會過得更快樂。但你現在為了生存，只能先把這段時間兑換出去，這也是生存時間。

3. 處於行業起點

你按照自己的興趣和志向找到了喜歡的行業，也順利通過了面試，但是你發現只能從學徒、實習生做起。行業的初級階段工作和你的想像區別很大，分配給你的工作處於末端而瑣碎，你接觸不到核心內容、核心人員，也沒辦法參與任何決策，熬夜加班更是常態。你已經這樣工作了很久，感到晉級之路遙遙無期，這也是生存時間。

4. 晉級之後

你花了兩年時間，對工作熟習了，完成了項目，能力終於被看到，外部環境和你都選擇進階。於是你晉升了職級，或是跳槽到另一家公司，接受了更大的挑戰，帶了更大的團隊。你發現愈做愈難，你需要重新獲得客戶和上司的賞識，團隊需要重新訓練，你又要重新證明自己足以勝任、有價值，挨過煎熬。又三年之後，你發現轉型期、樽頸期和倦怠期再次出現。你又陷入不確定之中，重新擁抱焦慮。你發現明明是主動選擇，真正經歷起來卻如此被動和痛苦，這就是生存時間。

我年輕時常有一個錯誤認知，以為總有那麼一天，當自己終於變得夠強，世界待我就能如清風拂面，萬般皆好，生存時間可以完全逾越。自跨越為高考努力學習那段最典型的生存時間至今，我經歷了進入大學、畢業求職、獲得第一份offer（錄用通知）、晉升、完成項目、創作發表，每個階段都存在對應的漫長時期，其中充滿煎熬和不確定的等待。

「我的人生不會就這樣了吧！」是我在生存時間中反覆問自

己的一句話。我的內心充滿了恐懼，擔心自己會被永久卡在這裏，無法逃出生天。

當我在十年間循環經歷了至少三輪的生存時間之後，我知道了兩件事。第一，時間的確是用來計算變化的單位，只要持續採取行動，不存在被卡住的情況，改變一定會發生；第二，即使逃出了生存時間，也是暫時的，還會進入新的生存時間忍受煎熬。舒適永遠是相對的，而困難永遠是絕對的。逃出，意味着往更高的地方經受考驗，問題永遠愈做愈難。

回首往昔，生存時間簡直連綿不絕，我一直忙於埋頭過活，相似的感受重複襲來，一勞永逸從未出現。

如何判斷是否處於生存時間？

五種時間的好處，是可以對當下所在的時間快速辨認和分類，從而弄清楚隨之出現的情緒是怎麼回事。譬如生存時間當中總是充滿負面情緒，當下次你的負面情緒襲來時，如果你用最短的時間識別它，就可以做出應對。當然你只能辨認情緒，並不能擺脱它，真的擺脱了情緒，就脱離了過程。沒有了痛苦，你就無法創造和改變。

為了實現快速分類，書中每個章節分別敘述這五種時間的特徵，也從感受、過程、結果出發，總結「五種時間」各自的判斷原則，可以幫你更準確快速地覺知自己的時間分佈。當你下一次感覺憋悶和無望，懷疑自己處於生存時間時，可以參考是否符合以下情況：

- 你感到選擇受限，充滿掙扎或煎熬。
- 所做的事情沒能進入正向循環，也暫時無力改變？
- 整個過程被他人選擇和推動，有傀儡感。
- 經歷漫長的等待。
- 方向模糊，常有時間被充斥的感覺而非充實感？

如果對比以上狀態，判斷自己的心情差確實是由於處在生存時間中，接下來就很重要，你需要追問自己一個問題——是在主動生存時間裏，還是在被動生存時間裏？或者說，這段讓你感覺很難、很痛苦的生存時間，是被迫來到這裏，還是自己主動選擇？

我們再來回顧生存時間四種情況的舉例，被安排時和能力不足時，都屬被動生存時間。而處於行業起點時（你主動選擇的行業）和晉級之後（你自己爭取的晉級）則在主觀上發生了本質的變化，因為你的能力不斷增強，已經不滿足於原來的位置和狀態。做出主動選擇而帶來的適應期，屬主動生存時間。

可以說，被動生存是「能力不足，任人安排」；主動生存則是「主動爭取，直面挑戰」，二者同屬生存時間，但有本質上不同。你的心境會有明顯的區別，處在主動生存時間中的你，在受折磨之餘其實十分清楚，面前這個更難過的關卡、更難打的怪獸，就是你曾經盼望的未來。

當我覺知自己正處於生存時間時，首要任務就是從被動生存走向主動生存。

當我做第一份工作和創業之初，我對被動生存時間和主動生存時間的區別感受很明顯。

從被動生存到主動生存

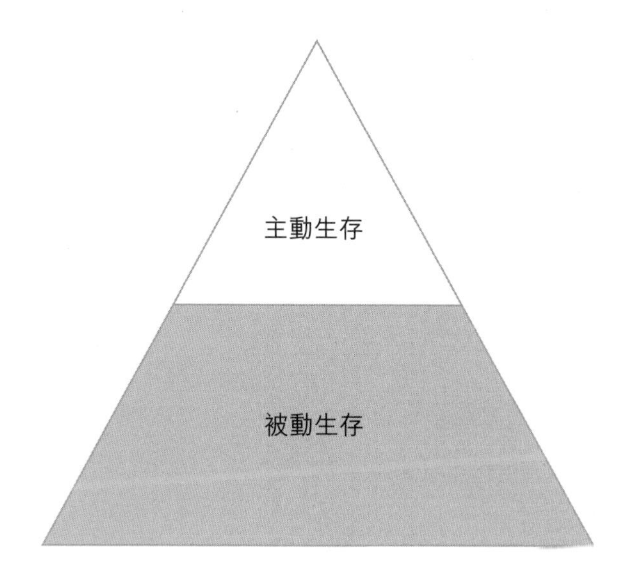

我大學畢業後的第一份工作在電視台播新聞，主要工作內容是化妝後，對着攝影機唸新聞稿件。我不能決定自己甚麼時候唸，也不能決定自己唸甚麼，在工作時間甚至髮型和服裝都是被規定好。在這種情況下，我感到這份工作對我來說是一種巨大的煎熬，具體表現在我認為我有個腦子，但這份工作不允許我使用。當我向前展望 3 年、5 年，發現未來的改變最多是在更黃金時段唸更重要的新聞稿件時，我感覺喪失了對未來的期望，人生方向也不清晰。最難熬的是我感覺被困在這個行業、這個職業中，我不知道憑藉我的專業能力還能做甚麼，因此，我感到無力改變自己的前程。

這是一個典型的被動生存時間，而我來到這個生存時間的原因，是我在 18 歲大學時選擇了這個專業。這份工作是大學專業的延續，而有限的技能和機會困住了我，我被自己先前的專業選擇推到這裏，於是被動地在這個行業裏生存着。當時的我需要考慮清楚 —— 我是為了四年大學不白讀而繼續幹這行，還是為了未來 40 年能找到一個更適合的方向離開這行？後來，我選擇主動離開。當然，選擇時我還不知道，更艱難的生存時間開始了。

經歷了轉換行業和考研深造之後，我在 30 歲時開始創業，初期業務是做商業活動策劃和執行，但業務來源非常不穩定。一段時間沒有訂單後，業務陷入停滯，我隨之陷入了巨大的自我懷疑。創業是我主動承擔的風險，而那時的我只能被動地被市場揀選，經歷漫長而不確定的等待。為了企業生存，我甚至承接宣傳頁製作和名片製作。即使我非常清楚地知道，需要找到方法讓業務發展進入正向循環，但為了生存，我卻幾乎把所有的資源和時間精力，投入做宣傳頁和名片上去。

我有幾個印象深刻的人生低谷畫面，其中一個就是在富麗堂皇的宴會大廳後陰暗破舊的送貨通道裏，我正蹲在地上黏貼開裂了的手提紙袋。為了保證收入，我承接了一個商業活動的印刷品製作工作，而在活動開始前，我發現手提袋竟然有很多已經裂開了。我汗流浹背地黏貼着紙袋，心裏又響起了那句話：「我的人生不會就這樣了吧？」

事實證明，我的人生確實不會就那樣，原來除了黏貼紙袋，後面還有更艱難的時刻。因此，當你發現身處其中一個人生低谷時，也不要着急，告訴自己這是生存時間，只要耐心等待，後面還有更艱難、更豐富多彩的時刻！誰的飽滿人生沒有幾個印象深刻的人生低谷畫面呢？

當現在我有能力回看時，我像智者一般知道那時的我正處在一個典型的主動生存時間，生存的考驗帶來了前所未有的壓力。每個從零開始創業到擁有穩定客源、實現收支平衡的人，都要經歷一個主動生存的過程，這個過程就是要找辦法應對情緒，同時積極尋找生存的解決方案。

當然，此刻寫作的我，早已逾越在電視台工作時期和創業初期，但又讓自己處於新的生存時間當中。現在看待以前的我，與未來的我看待今天的我是一樣的，就像高級別的自己坐上時光機回望低級別自己在遊戲裏打怪獸，但是幫不上忙，知道那時那刻是必經之路，也只能靠自己了。

生存時間就是這樣的一種時間分佈存在——佔據了人生最大的比重，也不會永久消失，只會被階段性地跨越，然後再以其他面貌重新出現，生存時間的痛苦就是人生的底色，讓人對比出其他時間的快樂。

認識到生存時間的特點，我們就需要追求逾越它的能力，才能擺脱被動的枷鎖，那麼生存時間的完整概念還應該加上一句描述。

大多數人在人生大部分時間裏，因為自身能力不足和外部條件限制，無法做到主動選擇而被動處於的時間分佈。我們的目標是——逾越一個又一個生存時間。

這樣，我們對生存時間更完整的認知應該是——我可以忍受，但暫時的忍受是為了終將打破現狀；我可以摔倒，但為了逾越，我摔倒也要往前摔。

應對被動生存時間，該怎樣做？

除去吃飯和睡覺，被動生存時間佔用你一天的時間愈長，你就愈低落，愈沒有時間展開其他行動，當你通過自查發現自己正處於被動生存時間時，你需要啟動兩個動作：

應對情緒，覺知自己當下的位置

在被動生存時間中，人的情緒是壓抑的，思路是迷茫的，因為很多時間被捆綁，一天中整體效率低下，被大腦邊緣系統操控產生的這種負面情緒非常正常，便了解到生存時間是必然存在。在下次感到情緒很差、感到壓抑和被動時，你要理解現處於生存時間之中。你會知道人在這段時間可能會不快樂，但你應該馬上告訴自己，眼前這個階段不是永久的，可以解決也可以逾越，接下來不是沉浸在壓抑中，而是展開讓自己逾越這個階段的行動。覺知情緒是控制情緒的前提，一旦產生覺知，就可以解決生存時間帶來的大部分情緒問題。

生存時間就是逆境本身，沒人可以繞行。識別逆境，穩定情緒，縮短被動生存時間，開啟主動生存時間。這大概就是應對生存時間的二十四字方針。

完成他律任務，變被動為主動

我們要明確一個概念——自律的反方向不是懶惰，而是他律。

生存時間，就是典型的他律時間。你明知自己不喜歡也不想做這件事，但是沒有辦法，出於生存的原因，你已經把時間兌換給他人。這個「他人」可能是任何一個單位或公司，也可以是你的客戶，甚至你的親人。當這種兌換以勞動合同的形式交付時，你正把你的時間、知識、精力和機會成本，出賣給了合同的甲方。與此同時，你感到事與願違，所走的道路與自己的人生追求相隔越來越遠，你清晰地知道，這段時間內所做的事情和增加的能力，完全不指向你在「追悼會策劃表」為自己寫下的飽滿生平。

那麼，讓我們正視他律的現實，既然你已經把這段時間出賣給別人，你的目標應該很簡單——高效完成他律任務，為主動生存爭取時間。

如何縮短被動的生存時間？

在序言提到，時間管理隨生產力迭代，是一種「進化」的過程，不是「完全替代」，現在你可以根據自身所處不同階段搭配使用時間管理方法。清單法誕生在機器大生產時代的歐洲和日本，在工業化極速發展的時代，絕大多數人的工作都是以「他律」的形式呈現，相應的時間管理方式也對應着生活中不同的層級，用對層級，可以發揮極大作用。

這個古老的時間管理法雖然不能解決「價值」的問題，但在被動生存時間裏，它可以解決「效率」的問題。

清單法作為古典時間管理的代表工具，是最簡單、最容易上手的工具。可以說，開列清單與勾選是時間管理體系中最基礎的動作。在他律時間中，這個方法非常好用。面對反覆出現的被動生存時間，使用清單法是首要掌握的重要的技能之一。

「清單法」在被動生存時間中的應用

1. 減輕焦慮

在他律的人往往是焦慮的，尤其當你抱有很多對自由時光的奢望時，在他律中不得不做完的事務和符合你自己意願的事務開始混淆不清。為了有效幫助自己，你需要把被動生存時間中的事務歸納在同一個清單。為了讓自己不壓抑、情緒穩定、獲得自由，你現在應該只關注這個清單的待辦事項，目的只有一個，盡快按要求做完，縮短其所佔用時間。

清單在手，當你寫下要做的每件事，閃現每個想法，用清晰的條目一一陳列，你的頭腦會由一團混沌變得無比明朗。你不再因為事情堆成一團而無力，你量化了所有的他律。

2. 專注當下

清單可以讓你在不運用寶貴工作記憶的情況下，記住大部分的任務。

只要你開始使用清單，它就像外腦，暫時幫你存儲當下不重要的訊息，允許大腦全速運算目前正在做的事，你會獲得更為專注的能力。而每個列於清單的事項，就像航海圖上的坐標，沿着清單規劃的線路，一個個坐標得以抵達，你會更有效率。

3. 擺脱他律

「自由」這觀念在西方哲學裏一直有兩方面的內涵，其一是自主決策；其二是自我節制。清單法開啟一種「主動選擇」的行為方式，是自律的初級表現形式。

德國古典主義哲學家康德（Immanuel Kant）所說的「自由即自律」，是一種高度概括的表達。「時間管理」的終極目的，是實現自由意志。自律是通往自由的通道，通過自律可以獲得更多時間與機會主動權，它的意義並不只在於自律本身。當你不能做到強有力地規劃和把握以至於達到自由時，就會有別人規劃你、佔據你，要麼依附於他人，要麼被他人管制。

自律從來都是很令人討厭的一個詞，但當它站在他律面前時，就變得可愛起來。人的根本追求是釋放天性，自己做主，自由自在，但他律是被別人管理和約束，顯然背離了人性，所以讓人不舒服。列清單、做計劃和打鈎，這些小動作看似日常，但一定是為了逃離他律的可能性在努力，是人的追求和抗爭。你甚至可以認為這種行為已經具有了高級的人類精神追求和哲學層面的意義。

4. 總覽全域，拆解目標，設定里程碑

在被動生存時間中，你最好的選擇是做一個毫無感情的任務機器。如果想又好又快地做任務，清單必須成為這個機器的組成部分。當你為項目的所有待辦事項列出清單，就已經把一個大目標拆解成若干小目標，小目標就是清晰的里程碑，無論是看起來多麼遙不可及、龐雜的事項，在你這裏都被有序拆分完畢。

5. 打鈎的快感

將撲面而來的任務一個個消滅，完成後打鈎，看着它們由多變少，統統消失，打鈎是生存時間中為數不多的一大樂趣。當你完成了清單上的一件事，無論大小，你會獲得很確定的完成感，即使它不令人愉悦。

我們的每一個經驗都在改變大腦的連接方式，打鈎這種特定行為會刺激大腦釋放多巴胺，增強是多巴胺浸泡神經組織的結果，它會使神經成長，變得更強壯。如果某序列的動作產生想要的結果，該序列動作所基於的神經組織就會經歷生化反應，相關的神經結構就會被加強。

當這種打鈎的行為模式一次次重複，慢慢地清單會出現它特有的正反饋。先前寫在清單上的事項逐一被完成，你會知道未來寫下的每一項也將如同以往得以實現，你會形成對時間和任務的「掌控感」，這時生存時間中的壓抑和無力感會漸漸消失。

如何使用清單法？

1. 確定清單介質

不要使用隨手丟掉的小紙片（這樣你的時間管理水平退回上古時代），你可以選擇一本效率手冊或任何一種筆記本，也可以選擇使用線上筆記。

2. 開列清單條目

每天開始工作前 5 分鐘，開列今日待辦清單。

3. 確定優先級

開始時可以使用最簡單，也是效率手冊一直推薦的方法 —— 寫下「每天優先的三件事」，這三件事是你今日必須完成的，且優先級最高的事情。如果在完成這三件事的過程中，遇到其他瑣碎事務、突發事件，統統記錄在清單最後，在這三件事完成後才處理，減少任務間的切換次數，讓你的注意力得以集中，因為最高效率是我們之目的。

4. 執行

開始做、完成它，為每一項完成事項打鈎。

如果你現在認識到自己正處在被動生存時間，那就強烈需要清單法的訓練。

必須從被動生存走向主動生存

在真正的時間管理中，不能奢望用局部方法論解決整體問題，而人生恰恰是一個複雜的整體。譬如被動生存時間中人的目標是「縮短」時間，而在主動生存時間中，人的目標變成「逾越」。我認為這一節是本書中很關鍵的一節，因為這種逾越在我自己身上印證得最多，也為很多人帶來極大的改變。這節我們來研究如何通過「主動生存」突破和逾越生存時間，達到下一個點。

那些過時的方法

首先需要研究清楚，在主動生存時間裏，哪些時間管理方法不好用，很難助你逾越現狀。我可以明確指出，GTD 法、時間軸法、時間四象限法、清單法等所謂「效率提升」方法，在這裏幾乎都失效。

只要你還沿用那些幫人把事情高效做完的方法，你還滯留在被動生存時間中，因所做的還在想方設法解決他律帶來的各種問題。想要逾越的話，你的行為需要指向未來，指向逃出生天的某個場合和某個時刻。未來根本不可能蘊含在舊的捆綁中，想要新未來，就要重建新秩序。愛因斯坦說：「問題不可能由導致這種問題的思維模式來解決。」

當你處於生存時間時，你需要告訴自己：「舊秩序是用來完成的，不是用來管理的，用舊秩序無法開創新未來。」那麼，我們就要用「五種時間」獨有的方法論解決逾越生存時間的問題。接下來這節的內容是送給每個想在命運中晉級的人。

覺知和撫平情緒，走向主動生存時間

只要處於生存時間中，我們永遠首先解決情緒問題。在絕望、麻木、迷惘之外，我們尤其避免報復性情緒觸發的行為。

在生存時間中，當熬過了大量時間被別人佔據或沒有進展、無可奈何的一天，終於獲得幾小時的自由，一定不可以做的是 —— 報復性地躺着、不作為、吃東西、玩手機、看劇，任由時間流逝，以為這就是自己一天中重獲的自由。你擁有的不是自由，是時間被捆綁後的情緒反彈，是報復性地揮霍時間。

當下一次感覺自己被困在人生的某處，求而不得缺乏出路時，請馬上覺知這種情緒，並第一時間告訴自己：「我現在心情很差，我知道這是怎麼回事，因為我處在主動生存時間裏。這是我自己選擇的道路，我知道生存時間會週期性地出現，但它是用來克服和逾越的，而不是用來沉淪和被卡住。我現在需要按照『五種時間』這一立竿見影的體系，讓自己行動起來。」你要清楚地知道，當情緒到達低谷時，最好的解決方法就是馬上展開行動。

▶ 運動員密碼——向運動員學習逾越生存時間

人身處低谷時，會生出強烈的渴望，極力思考在哪裏可以求得解決方案，可以獲得幫助。我們也發現，歷史上處於低谷期的偉人，會看更早期偉人傳記，尋找隱藏其中的密碼。也許是黑暗時刻遇見一個人、經歷一件事、又做出一個決定，才扭轉了歷史和命運。

當你處在主動生存時間時，你應參考誰的思考方法和行為呢？有沒有甚麼人經歷過階段性的主動生存時間，但又持續逾越得很好呢？有甚麼樣的行為和逾越手段特別值得效仿？

當我們仔細地觀察和研究這個世界，看看到底甚麼群體經常處於主動生存時間中，且總能夠意志堅定地克服時，我們發現了兩類人——戰爭年代的軍人，還有和平年代的職業運動員。

讓我們看看運動員，這是一個多麼奇特的職業和群體！他們選擇了某項運動，就是選擇了每天生活在主動生存時間中，因為他們不論是否身在競技場，每天醒來、睡覺都是為了逾越現在的狀態，不斷尋求晉級。他們日常的每次睡眠、餐膳、訓練、比賽，都是為了一次又一次逾越生存時間賽點，進入更高的領域競逐排名。一切都只為更高、更快、更強，他們生活在極致的主動生存時間內。

如果說我們想參考誰去逾越生存時間，那麼我們最應該學習的群體，就是運動員，而運動員只做 5 件事。當你情緒低落，覺得人生暗淡、挑戰無望、停滯困頓的時候，首先你要覺知情緒，其次，請在筆記本今天的日子旁邊寫下「5」，這就是「五種時間」中的「運動員密碼」，請再次提醒自己 ——運動員永遠在爭取晉級，永遠做這 5 件事，我也是。

密碼 1：運動員了解自己，包括自己的天賦、身體質素和在專業領域所處的位置

運動員對個人天賦、技術和身體能力的了解，是極其細緻。

在深入這項目之前，他早已全方位地發掘自己 —— 是協調力好還是核心強？更擅長耐力還是爆發力？個人能力突出還是擅長團隊合作？體能極限在哪裏？

每天早晨醒來，運動員要重新了解自己當日的身體狀況，做基本測試。當然，每天早上都要再明確自己在整個運動項目中的排名，他需要知道全世界項目中最強的人有多強；在亞洲最強的有多強；在中國最強的有多強。最重要的是他必須知道，自己到底想要有多強。

那麼，當你向運動員學習如何應對和逾越生存時間時，你要問的第一個問題是 —— 我了解自己嗎？

當你感覺自己被困、毫無頭緒時，你應該做甚麼？你應先分析自己的優劣：

- 我處在行業或領域中甚麼位置？
- 我的天賦是甚麼？核心能力是甚麼？如何發揮？
- 我與同領域的頂尖選手相比，短板在哪裏？如何彌補？
- 我的能力和熱愛是否與行業匹配？
- 我是否獲得這個階段的正面評價？

對自身水準了解得愈透徹，你對自己才會愈苛刻。

密碼 2：運動員要找個好的教練、榜樣、指導者

所有的優秀運動員都有優秀的教練，教練是熟知你所在運動法門的那個人。好的教練會了解本質和規律，也曾經在這個領域取得成功，他曾參與比賽，贏過、輸過，深諳取勝的關鍵。對你來説，教練也許會在前輩、導師、師兄、師姐中出現。

教練可以是你的同事，也可以是你的老師、朋友、顧問，必須有這樣一個人。就像很多行業延續百年至現在的師徒制，學習和進階的捷徑是需要有帶領人物，學習是數不清的模仿與指點。

現在想向運動員學習如何逾越生存時間，那麼你需要自問，你有教練嗎？

以下是可以參考的教練標準：

- 行業前輩 —— 在你想工作的領域裏取過成功，曾達成你想達成的目標；
- 向上尋找 —— 在競賽水平上高於你；
- 了解行業和你 —— 教練要了解行業、競賽及你，他要熟悉你的特點，才能給你合適的建議。

密碼 3：運動員有艱苦卓絕的訓練計劃

教練一定給運動員制訂充實的運動、作息和飲食計劃，包括起床時間、訓練時間、訓練內容、如何訓練、練習多少次等等。

你有針對生存時間的訓練計劃嗎？如你暫時在生存時間被卡住，是因為甚麼原因卡住？是因為溝通能力、銷售額，還是其他？你需要朝哪個方向訓練，又要訓練至甚麼程度？

你需要有一套計劃，然後積累、持續改變，最後像運動員一樣進行艱苦、夜以繼日的訓練，這大概是逾越中最難的地方。人在意氣風發時，精神抖擻地做一件事其實不難。難的是，在冗長得看不到頭的枯燥、迷茫、壓力、疲憊裏，依然按同樣的節奏做這件事。

甚麼是艱苦卓絕的訓練計劃？以大家熟知的擁有雕塑般身材的足球員 C 朗拿度（Cristiano Ronaldo）為例，為了確保脂肪水平低於 10%，每日除了常規的高強度短跑訓練、提高控球技巧的技術訓練，與隊友進行更好的交流或溝通的戰術練習，他還在健身房訓練特定肌肉發展，以及增強全身力量。

除了「一週五練」的魔鬼式訓練安排，C 朗拿度常年保持每天 8 小時睡眠，並且嚴格按照每週食譜規劃一日三餐。這就是全球頂級的運動員，他在專業領域中超越了絕大多數人，爬升到生存時間的頂端。

這套生存時間中的運動員密碼，在 2019 年整理到「趁早文創」為中國女排製作的「運動員生存手冊」中，獲得郎平的認同，同時她為手冊撰寫了前言。郎平還給了中國女排的訓練日程作為「艱苦卓絕的訓練」的實證。

2018 年，為備戰亞運會，中國女排開始進行封閉式訓練：

早上還未到 6 時起床；6 時半吃早餐；7 時半開始早訓；45 分鐘分組早訓後，8 時 15 分全隊集合開始集訓，一直持續到下午 1 時；接下來才是午飯和午休的 2.5 小時；下午 3 時半繼續訓練，一直到晚上 7 時結束；然後是晚飯時間，晚飯後還有 1.5 小時的業務學習；至晚上 9 時半，一天的集訓才宣告結束，個別帶傷患的隊員還要接受治療。

正是輔以艱苦卓絕的訓練，中國女排在 2018 年 8 月的亞洲賽場上，8 場比賽一局未失，時隔 8 年重奪亞運會冠軍。

如你對擺脱生存時間有着極度渴望，如不能前行讓你異常痛苦，那麼你最應該做的就是馬上行動。在渴望和痛苦時在今天的日期旁寫下「五種時間」的一個重要密碼 —— 5，然後展開行動。在痛苦時，你要追問自己有沒有像運動員一樣展開行動，晉級密碼蘊藏在日復日的訓練之中。

密碼 4：運動員永遠對準對手、觀察對手，尋求超越

普通人和職業運動員的思考方式存在一個巨大的區別。普通人每天早晨醒來，拉開窗簾望向遠方，先想到早餐吃甚麼，出門穿哪件衣服。

運動員在清晨睜開眼的第一刻就知道，有一個或很多個和他處於同等水平的運動員也睜開眼，甚至 2 小時前就已經訓練了。運動員的水平愈高，對手畫像會愈清晰，他知道對手姓

名、有甚麼必殺絕技、正用甚麼方式訓練、未來哪天會和他交手。運動員早已習慣這一切，而我們普通人遠遠沒有。

普通人討厭競爭對手，我們期待世界清淨，人與人相安無事，甚至是與世無爭。但我們需要知道，但凡想逾越和晉級，與世無爭永不可能。不論我們是否願意看到，競爭無處不在。各行業領域，明裏暗裏都有排名。我們迴避競爭時，可以假裝這一切不存在；我們不願意看到對手時，會騙自己沒有對手。但你內心深處要知道，當你晉級不得時，一定在某處，有人、有團隊、有公司先於你完成了逾越和晉級。

運動員要面對的生存時間，是他們時時刻刻都有對手。當你處於生存時間，你的對手是誰？你要打敗誰或超越誰？他來自行業內部，還是行業外部？他是一個人，還是一家公司？找到他，對準他、超越他，你就逾越了這段生存時間的自己。

在「趁早文創」和中國女排合作設計「運動員生存手冊」期間，我們看到中國女排非常極致地研究對手的比賽錄像，一幀一幀重看觀察，逐一深刻了解對方的一傳手、二傳手和主攻手。待上場比賽時，早已熟諳對方的體能、攔網高度、習慣性動作，以及所有強項和弱點。

中國女排可以取得連續性勝利，在於她們逾越了無數的生存時間。

密碼 5：運動員永遠籌備下一次比賽，永遠爭取下一個賽點

我們普通人除了討厭對手，還討厭比賽日。你可能覺得，我們的生活並不存在比賽日。

但當老闆到你桌前，說幾月幾日你需要提交報告時，這天就是比賽日。因為它會有好與壞的評價，還有確切的時限。

對於運動員來說，每一天、每一秒都指向一個倒數計時的比賽日，可能是奧運會、亞運會、錦標賽、巡迴賽，每一場比賽都是絕對的倒數計時，都有着相應的訓練計劃。

你的生活雖然沒有這樣明確的比賽，但你可以把任何一個「里程碑」事件定義為比賽，它可以是你的關鍵績效指標考核；可以是一次會議演講；可以是一份 PPT；也可以是一個新產品的好評率。只有將比賽定義好，你才能準備比賽。要知道，運動員都是在比賽的準備中成為更厲害的人，運動員的人生都是在比賽中改變，你也是。

你極度地渴望逾越嗎？那麼你要説出在生存時間裏，你下次勝利的機會是甚麼時候。是你打算做出一個超越以往 PPT 的時候嗎？是下次發言的時候嗎？是把這個項目做完的時候嗎？是拿到下一個項目的時候嗎？

你極度地渴望逾越嗎？那你需要等待下一場比賽，尋找下一個賽點。

當你不只滿足於現狀，而是想要改變並且有計劃、有教練、有對手，期待下一場比賽到來時，恭喜你，你真正進入了主動生存時間。

運動員教我們如何度過漫長煎熬的生存時間，他們是真正辛苦又堅強的人。當你覺得失落無力時，可以觀看運動員紀錄片，了解運動員充滿汗水和淚水的訓練史，然後在筆記本寫下他們早已證明的密碼，一個「5」。

在前方的路上，別人是否認為這是一場比賽根本不重要，你只要自己的定義。這是你的生存時間，是你的忍受和痛苦，要不要晉級也是你要做出的決定，決定之後就要付諸行動。生存時間給我們的選擇並不多，只有兩個 —— 晉級或困在原地。

如果說人生是苦，那麼苦幾乎都是集中在生存時間，反反覆覆，佔據我們人生中大多數時刻。

如果人生因為太多生存時間而必然掙扎的話，那就讓我們盡量少掙扎在溫飽問題上，而多掙扎在賽點上。

我的生存時間重建

我遇過很多次生存困頓期，也曾經嘗試通過換一個專業、換一份工作、換一個生活環境和換一個人談戀愛來幫助自己獲得某種突破。以上哪種最容易有突破？要看這些外部節奏中哪個最有可能影響你原來的秩序。

你原來的秩序首先體現在你的時間表，因此，當你判斷應做甚麼改變時，先看這個改變會對你的時間表造成何種影響——是正面還是負面？是佔有時間還是出讓時間？是讓你更懶惰還是更勤勉？

相比之下，按説談戀愛最容易有突破，因為戀愛必定佔據時間表，也基本上是深度交流。當然結婚帶來的改變更持久，因為結婚極有可能改變你的作息和習性，作息和習性是人在生活中的基本秩序。因此，當你希望藉助外力獲得改變時，需要充分調研這個外力是否帶來更優質的秩序，因為更差的秩序一旦滲透你的生活，會更持久地消耗你。

我有兩次重要的生存時間重建，都通過外力獲得了更優質的秩序。

第一次，是工作三年後的全國碩士研究生統一招生考試。求學是典型的生存時間，因為要爭取考試合格甚至成績優異，要參與競爭和好成績。

讀研究期間，我是和研究生同學生活一起。除了上課，我們經常身處工作室，每天無論上午、下午，她們都潛心專注於各自的作品，安靜地創作數小時。我理解了創作就是這樣的節奏，持久的專注也可以是生活的日常，這三年期間我極大程度上被她們的秩序感染。畢業之際，她們拿出了長時間創作的作品，讓我知道只要投入適當的時間一定有結果，當信任你的專注時，你的專注也會信任你。

第二次，是前文描述創業早期貼紙袋的日子，之後我終獲得生存時間的突破。連續做了 3 個月令人絕望類似貼紙袋的工作後，有天我走在街上，遇到前男友的朋友，她問我過得好不好，我說「好」（事實是不好也要説好）。她又説她有一個項目，問我能不能做，我説「能做」。事實上以我當時的水準，需要先組團隊才能做。

從我答應這個項目那天起，我的時間表發生了本質的變化，每天花大量時間研究和籌備新項目。這個新項目使我的公司開始擁有真正意義上的設計全案作品集。接受挑戰之後，我的自我訓練過程就像寫下運動員密碼「5」，實現了更優質秩序的建立。這就是為何每當跟別人討論選擇時，我大部分都會建議「能退能進時，選擇進」。選擇進，就像運動員一樣選擇前方的比賽，意味着要為自己的速度和能力建立新的秩序。

後來我也意識到，我還希望通過外部的秩序來推動自己，這說明我本身的秩序還比較弱。我相信存在很多更強的人，他們不需要外力就可以重建自己的秩序。人可以自己獲得專注，自己定義比賽。往後的章節會提到更多的能力。

每當處於生存時間中的困頓時，希望你可重新閱讀。生存時間是暫時的，每個階段都會過去，更重要的是，後面還有沒有新的階段。

"Climbing moves are all about feeling it, and that is something I've spent my whole life doing."

Alex Honnold

"赤手登峰的每一步都在於覺知，我是用我的一生在做這件事。"

艾力克斯・霍諾德

03

賺錢時間：終極等式

歡迎來到賺錢時間。

當你在主動生存時間捕捉到某種奇特的力量時，你就會到達這裏。從這裏開始，能夠主動支配的時間越來越多，選擇的同時當然會付出代價。渴望贏的同時，還要克服對輸的恐懼。在賺錢時間，我們的動力是錢也不是錢，正如做成一件事情的力量往往不是來自事情本身。

在金錢前，人們有各種焦慮，怕錯過、怕求而不得，得到了怕不能長久，長久了又怕最終失去。在時間前，人們長期處在怕錯過一個時代的焦慮，為了治療焦慮，每個時代都會產生與生產力水平相對應的説法和手藝，有的勸人撒大網，有的勸人磨利刃，人們也在可支配時間面前開始面臨真正的選擇，這些選擇造成人與人最初的分野。

如同運動員密碼在生存時間的意義，在賺錢時間中，也有兩個基本觀點：

1. 保持循環增強。

2. 時間不願意回報渙散和沒恆心的人。

甚麼是賺錢時間？

「五種時間」體系裏，人們從事的所有事務被分成五種，其中有種特殊的時間稱為「賺錢時間」。

和其他四種時間的邏輯一致，賺錢時間的完整表述是：在一天可選的時間中，用於賺錢的時間。這裏的「賺錢」，與從經濟學角度理解的「賺錢」定義一致：賺錢＝創造價值的過程。

「用於賺錢」裏面的「用於」有兩層意思：第一層，這段時間是人主動選擇的；第二層，投入專門的時間去做「賺錢」這件事，至於結果到底能不能賺錢，或賺多少錢，是這段時間投入之後的產出，並不一定是當時能交付的。當時就能交付的未必屬賺錢時間。

到底在單位時間內做甚麼才屬賺錢時間呢？關鍵在於是否持續增強了核心競爭力，用一句話完整概括就是：

單位時間內只對某種產品的核心競爭力做功，直至把該產品的核心價值推到遠超行業平均水準的程度，這些時間就是真正的賺錢時間。

這裏的「產品」，是廣義概念的產品。就個人而言，不論是打工還是創業，不論是在大企業、小公司工作還是自由職業者，你所出賣的權利和義務都是廣義概念的產品。哪怕只簽了三年的工作合同，在一個看似風平浪靜的單位工作，這份工作合同其實是把人的「時間、技能、資源、智力」打包作價，兑換成了工資、獎金和各種保障。而在不同的經驗和職級間，你會發現兑換價格並不相同，是因為這些「時間、技能、資源、智力」被看作了產品，而就業市場根據產品的情況給出了價格。

因此，一個公司職員、一個自由職業者、一個企業，都有各自有形、無形的產品，區別在於對應的市場各不相同。市場會根據不同產品的質量、功能和稀缺性做出價格判斷。從這個角度來看，任何需要依靠交換或銷售取得收入的人或機構，都具備產品屬性。只要具備產品屬性，都應該存在「賺錢時間」，以使自己的產品更有價值，更被市場接受，更多地被購買。

那麼，當你在一天安排特定的時間，將這段時間用於提高自己的核心競爭力，以期具備更大的價值和更有競爭力的價格，你很可能就是在安排賺錢時間。那麼，賺錢時間和第二章的主動生存時間最大的區別在哪裏？這個區別非常關鍵。

先看「五種時間」的首要功能 —— 幫助人辨認當下，那麼當人處在典型的賺錢時間中，會相應地有別於其他時間中的感受，以下是賺錢時間的感受特徵。

賺錢時間的判斷原則

當你處於賺錢時間時，會有以下感受：

- 你會感到心情激動，跌宕起伏，有強烈的自驅和目標感；
- 你會感到過程中的確定性與不確定性交織，焦慮、壓力和期待交織；
- 你會得到核心競爭力和財富的積累，階段性達成的快樂和未達成的痛苦，對價值的原理與規律的理解，對金錢意義的尋求。

人在不同行為會做出不同的反應，當你發覺別人或自己出現情緒亢奮狀態時，你們大概率上正處在核心競爭力增強和對結果的強烈期待中。變得愈強就愈期待，讓賺錢時間持續和頻繁出現，繼而愈戰愈勇。

人在賺錢時間中會充分自驅，醉心於增強核心競爭力；但同時對預期結果充滿焦慮。創業公司一旦走上創業道路，就選擇了一種處於大量賺錢時間的生活，鑽研產品後投到市場檢驗，再鑽研，再接受檢驗。所有賺錢時間的存在都是為了賺到錢，但結果是市場給的，而市場永遠具備不確定性。核心競爭力必須經過市場驗證，對人、對產品，對小公司、對大公司也是如此。

如果說主動生存時間是在備考中期待好成績，那麼賺錢時間就是在渴望中對抗恐懼。他律嚴苛，但是市場比他律還要殘酷。

甚至，當一個人或一間公司投入了足夠多賺錢時間卻沒受市場驗證、沒賺到錢時，一件比沒賺到錢更可怕的事情會隨之發生，就是退回生存時間。重返生存時間就意味着只能為了生存疲於奔命，解決燃眉之急。大量時間、精力被擠佔用於勉強維持生存，造成個人和團隊缺乏時間和心力，沒有時間和心力，難以再次出發尋找和打磨核心競爭力。

處於賺錢時間中的人是亢奮的，因為賺錢時間中醞釀着巨大的希望。賺錢時間一定對應着具體目標，如果目標的階段性論證失敗，就是希望破滅。人生中較多的至暗時刻和人生低谷並非出現在生存時間，而是在求而不得的賺錢時間。

這時候，可能我們需要在效率手冊的日期旁邊默默寫上運動員密碼「5」，暗下決心，重新踏上逾越和晉級的漫漫長路。

事實上，無論是個人還是公司，都長期處在一個生存時間和賺錢時間並存的漫長時期，既要做奔向新世界的事，又要忙着在舊世界裏縫縫補補。在有限的時間表上，當需要同時考量它們的比重和優先級的時候，就出現關係現在和未來命運的時間管理問題。也會有個人和公司從此無暇關注賺錢時間，長久地退回生存時間中。

核心競爭力與循環增強

主動生存時間與賺錢時間的區別是：

1. 是否瞄準了核心競爭力？

2. 核心競爭力是否進入了循環增強模式？

讓你從生存時間中活下來的普通競爭力已經不夠，要想讓賺錢時間的投入有所穫益，要想產品價值被不斷推高，就需要核心競爭力的循環增強。賺錢時間描述的有效行為目前看來十分簡單樸素，似乎就是兩件事 —— 第一件事是找到核心競爭力；第二件事是花時間持續地做。

對個人來說，賺錢時間應該是 —— 今天我決定拿一小時，讓我從擅長繼續走向無限優秀。積累一萬小時，讓長板長出天際。加強核心競爭力的事情，應該做下去並矢志不渝。

說一個人很強，通常指兩方面的強 —— 第一是說這個人核心競爭力強；第二是說這個人結構強。核心競爭力強，他在自己的領域常勝、稀缺；結構強，這個人堅實、穩健。所謂硬核，也是對這兩項都強的一個簡潔描述，形容人單點突出，結構自信。我在單項能力上可以打敗你，你在整體結構上卻無法動搖我。這樣的人會持續專注於讓他變得更強的事，不為外界無關評價所傷，於是不僅越來越強，還看起來很酷，狀態令人十分羨慕。誰不想變得「硬核」？

你想身處賺錢時間，就要動手解決讓核心競爭力變強的問題，而本書都在解決人的結構建立問題。一個人如果這兩項都強，必然變得「硬核」，賺到錢也會是付出足量賺錢時間之後的必然結果，因為時間看得見。

我本人是一個創業者，已創業 12 年，途中克服考驗，調整方向，對練就「硬核」的方法極度渴望。「五種時間」是 12 年悉數所得，而接下來將要敘述的「終極等式」是我認為創業者的行動要義。同時「創業者」也早已是一個廣泛的概念，只要你正在改善能力、專注成長，創造價值且獨立生存中，你就是一個創業者，這一要義也會啟發你。

「終極等式」的獲得線索首先來自一部紀實電影《赤手登峰》（*Free Solo*），我在 2019 年 9 月參加這部電影的首映，深受震動並寫下一篇觀後感。為了能夠充分說明「終極等式」所蘊含的意義，我在本書收錄了這篇觀後感全文，完整公式和解析會呈現在這之後。

《難不過酋長岩》

2019 年 9 月 4 日

受經緯中國和細藍線影業的邀請，我觀看了《赤手登峰》的首映。

這部紀實電影對我的觸動和啟發可能是節點性的，其深遠程度也許要在未來很久才能知道。

我記錄下這些觸動和啟發的線索和思維過程，留給未來印證。電影的主人公用了十年準備，導演和攝製組用了兩年拍攝，作為觀眾，如果接收到其中的訊息，也該有耐心等待未來的印證。

故事

在走進電影院前，我已經知道這是一個真實的現代英雄故事。

2017 年 6 月，艾力克斯．霍諾德（Alex Honnold）用 3 小時 56 分鐘徒手登頂美國約塞米蒂國家公園（Yosemite National Park）3,000 英尺（約 1,914 米）高的酋長岩，堪稱人類歷史上迄今最偉大的赤手登峰。主人公艾力克斯在完成赤手登峰前一年多的日常生活、訓練準備和最終攀登過程被這部紀實電影完整記錄了下來。

在電影院裏，觀眾一同進入他的生活，看他日復一日的訓練、戀愛、起居、交談。全片的最後一幕，宏大的岩壁呈現在 IMAX 屏幕上，觀眾屏住呼吸，被帶到這歷史性的一刻面前，目睹一個傳奇英雄完成他的史詩。

在此之前，我們早已看過無數講述傳奇英雄的電影；但這一次，我發現撰寫和表演出的劇情與震撼的現實相比，太過蒼白無力。

大家當然已經知道結局，但《赤手登峰》鏡頭下的所有人對結局都還一無所知，他們每天都在精心準備，雖然明知這部紀實電影只有完美登頂或死亡的唯二結局。隨着攀登日的臨近，你會在自己緊張的呼吸和汗水中發現，你見證了用生命做賭注拍攝而成的經典人類影像。

主人公和出場人物

艾力克斯・霍諾德，杜撰的電影是挑選不到這樣面容的主人公的，他簡直一出場就能吸引你。他有着孩童或驚奇動物般的黑眼睛，黑眼睛在望向酋長岩時會閃閃發亮，當他在岩石上攀登時，你會發現他英雄的面容漸漸浮現。

然後你還會驚訝於在一部紀實電影中，幾乎每個出鏡人物，包括攝影團隊，都有着好看到別致、世俗生活中並不常見的輪廓。這可能是因為長年的攀登訓練，可能是因為神情專注，也可能是因為見過許多常人無法想像的美景。

重要的疑問和答案

隨着電影的推進，觀眾都會有問題想問。

赤手登峰（Free solo）就是在沒有任何輔助和保護的情況下攀岩，是非常危險的極限運動，死亡率高達 50%。

而酋長岩是公認的攀登高度極高的岩壁之一，經過千萬年冰河洗刷，可以說就是個巨型、光溜溜的岩壁，角度幾乎垂直於地面。

赤手登峰者需要利用岩石面上的微小起伏和粗糙面來獲得支撐向上攀爬。

搭便車之路（Freerider）是攀登酋長岩最經典的路線，全長 3,000 英尺（約 914 米），共 33 段，其中多個路段被稱為「死亡路段」，艾力克斯要沿着這條路線徒手攀登上去。哪怕有一個微小失誤，就要付出生命的代價，這已經不是正常人類能夠理解的行為了。

第一個問題：活着多好，為甚麼要爬這個？

艾力克斯在電影中反覆描述了這個問題的答案。總結起來就是——必須爬，因為酋長岩是畢生理想，酋長岩在胸中燃燒。這個東西就在他的待辦事項列表（年計劃、月計劃、週計劃、遺願清單〔註 2〕）上，睜開眼就是酋長岩，吃飯喝水也都是為了酋長岩。當然你在電影裏可以發現他既是這麼說，也是這麼做的。

登山的愛好者有一句差不多的話，叫作「山就在那裏」。換到艾力克斯這邊，應該就是「岩石在召喚」。召喚了多少年？電影告訴我們，艾力克斯從把酋長岩當作夢想到達成赤手登峰，準備了 10 年。

如果你在看電影的時候內心這樣提問了，那麼據說本片導演的一個重要目的就達成了，因為你提出了一個關於人生終極意義的追問。這個問題你只要想問艾力克斯，就等於在問自己。

在電影中，艾力克斯反問道：「人總要死，人們會因為這樣那樣而死，我為何不可因此而死？」

註 2：遺願清單源於英文 bucket list，指人死亡前希望完成的事。

第二個問題：赤手登峰有甚麼意思？

拋開生死不談，這個問題其實意義不大。這就好比在問鋼琴愛好者「彈鋼琴有甚麼意思」。一類愛好令人深陷，自然有它的妙處，內裏必有外人無法體驗的美好和自由。

問題在於，當這個愛好或者説熱愛，可能讓人搭上性命，它還有甚麼意思？

如果提出的是這個問題，那我們其實就是在探討一個更深刻的命題：為甚麼人類要追逐極限運動？

艾力克斯的回答是：「如果你追求完美，赤手登峰應該是能讓你最接近完美的運動了。在那麼一瞬間感受到完美，非常美妙。一心追求卓越和完美，我就是這樣長大的。我正在做前無古人的事情。」

電影裏艾力克斯的朋友另一個回答簡直是人類歷史上實現偉大壯舉的激勵詞：「挑戰極限。」但這個朋友後半句的表達是：「但如果你挑戰極限，最終會止於極限。」從頭到尾，朋友們都在深深地憂慮，擔心他會死。

看到這裏，你可能覺得艾力克斯確實瘋狂，但有點像英雄了。怎麼判斷一個人是不是為理想奉上生命的英雄呢？你不希望自己和親朋好友是這樣的人，但是希望世界上有這樣的人。那這個人大概就是英雄了。

▶ 第三個問題：他的家人和朋友不攔着他嗎？

《赤手登峰》作為紀錄片之所以好看就在於，主人公竟然還有個女朋友，他們剛交往不久，她還挺漂亮。我們愛看的傳奇英雄電影裏都有愛情戲，這個真實故事裏面竟然也有，也太棒了吧！

那麼，女朋友攔着他了嗎？

想攔來着，但是根本攔不住。艾力克斯非常肯定地說：「在女朋友和赤手登峰之間，我永遠都會選擇赤手登峰。如果我有某種盡可能活下去的義務，那我應該放棄赤手登峰。但我沒感覺有這種義務。如果我不去攀岩，那就是生命中摯愛的事業破滅了。」

如果女朋友攔着他是人之常情，那麼電影裏艾力克斯媽媽堪稱極少數的媽媽，雖然她的出鏡時間很短。他媽媽說：「赤手登峰是他最能感受到自己存在的時刻，是感受一切美好的時刻，是感受最強的時刻，你又怎麼能從他身邊奪走這麼珍貴的東西呢？我不會的。」

電影中的導演和攝影團隊都是艾力克斯的摯友，本身也都是攀岩高手，懂他的人。所以這部影片其實還探討了紀實拍攝中的倫理問題，要不要支持主人公拿自己的生命冒險，要不要參與整件事並記錄下來。影片本身就是他的摯友們給出的答案。

幾個重要的方法論

這部片子的聯合導演是華裔女導演伊麗莎白·柴·瓦沙瑞莉（Elizabeth Chai Vasarhelyi），她在製作完成時表達了想法——除了對人生意義的追問，在面對終極目標時，艾力克斯之所以能成功完成酋長岩的赤手登峰，是因為他有確定的方法論，這些方法論反映在他準備的整個過程之中，希望能夠啟發所有人。

關於艾力克斯如何達成如此不可思議的宏偉目標，有哪些方法論，以下做一個提煉。

杏仁體和原生家庭

面對各個領域那些不世出的大神，人們會先歸因於天賦。電影中也記錄了艾力克斯腦核磁檢查的結果——他大腦中杏仁體的抗恐懼能力明顯異於其他攀岩者。他的朋友分析說：「赤手登峰訓練了他的情緒，他不像其他人那樣容易受到情緒的影響。除了遺傳，這也是他過去經歷的產物。」

在片子的前半部分，艾力克斯直接承認自己是在追求完美中肯定自己的，這是他赤手登峰的一部分動力來源，因為他媽媽嚴厲的程度是「差一點也不行，不夠好，過得去也不行」，他告訴大家他是在 10 歲時受爸爸的啟蒙開始攀岩，之後一發不可收拾。

這一部分是遺傳、啟蒙、動機共同作用的結果。

目標清單

電影中有不下幾十處勵志金句，從艾力克斯嘴裏説出來時鏗鏘有力，振奮人心。但不得不説這些金句的道理並不新鮮，放到別處就被當作日常雞湯文字略過去了。可見語言從不同人的口中説出來，力量和內涵都不同。好比法力高的魔法師和法力低的魔法師説同一咒語，效果並不一樣。

譬如在談到他的目標清單時，以下幾句堪稱金句：

「如果我的最終夢想是攀登酋長岩，那我應該好好計劃一張地圖。我需要心裏有數，知道哪些是最難的部分，它們都在哪裏，為了克服它們我必須做甚麼事。」

「你自己的心裏知道，那件事，你一定會做。」

「如果你數年來都在想着一件事，那麼在你真正告訴別人

前，這個想法會在你心裏醞釀很久。」

無論我們這些觀眾認為徒手攀登酋長岩是不是值得，艾力克斯是不是瘋狂，你都會看到他早已把酋長岩寫在他的目標清單上，放在內心深處，長達 10 年，非常確定，然後一切日常以該目標的實現為中心鋪排開來。像艾力克斯這樣寫下來同時不斷為之努力的，才配叫作目標和夢想。

一個再簡單不過的方法，確立目標。如此而已。能確立一個魂牽夢繞、經受了意義考驗的目標，並不容易。

▶ 戰術日記

我認為片中艾力克斯閱讀自己的攀岩日記的情節，是該片的經典情節，令人動容。經過 50 次以上的酋長岩攀爬訓練和熟悉路線訓練，艾力克斯記下了 3,000 英尺的攀登路程中的每一步動作和要點。你會看到他在如何把一件極為困難又危險的事，通過一遍遍演練，做到讓自己有安全感。還有，他明確告訴隊友，他的攀岩日記不記錄情緒，也不記錄和目標無關的任何事情。

但是，在對動作的描述之外，你還會聽到他閱讀了兩個歸於感性的戰術記錄，「相信腳感」和「跟着直覺」。

在細密的日記中，你會看到艾力克斯的成功不是由於一次心血來潮或上天的眷顧，而是準備充足，與團隊共同把岩壁分段拆解並集中討論難點，再選擇最合適方案的過程。

安全感來自充分準備、訓練次數和對實力的磨煉，以及對危險的了解。

信，尤為重要。

日常儀軌

在片中，你會發現，主人公完全是一位修行者，有自己的儀軌。

從 11 歲開始，攀岩於他就如同吃飯、睡覺一樣，成為他生活中的一部分。每週 6 天，每天 3 小時的室內訓練，日積月累，使他的手指愈發粗壯。

成年後，他常年住在車中，吃素、攀登。純粹的熱愛和目標，令他簡化生活，降低物慾。當你看到他在逼仄的空間裏起居和訓練，會彷彿看到一個在山洞裏閉關修行的現世俠客；你懷疑他應該是在攀岩中體會到了某種禪定，才能保持不為萬物所擾，不被恐懼吞噬的心境。

還是老生常談的方法論——微小積累，持續改變，一萬小時。

恐懼

艾力克斯在他的自傳、採訪、演講中不斷強調一個觀點 —— 他並不比其他人更大膽。在他眼裏，赤手登峰的風險是可以控制的，只是失敗的代價非常慘重。艾力克斯通過訓練掌握了一種非凡的控制恐懼並專注於完美執行手頭任務的能力。

我認為，這也是電影非常想傳達給觀眾的一個觀點。

艾力克斯説：「身體狀態重要，但對攀登者來説，精神狀態也很重要。最大的挑戰是如何控制你的大腦，因為你不是要控制你的恐懼，而是要走出恐懼。有些人説要抑制你的恐懼，我不這麼認為，我通過一遍又一遍地練習動作，來擴大自己的舒適區；我一遍又一遍地經歷恐懼，直到不再恐懼。」

恐懼從來不是憑空被克服的，我們是通過訓練獲得實力而讓恐懼逐漸縮小。

團隊

艾力克斯不是一個人在戰鬥，他有幾個共同作戰的摯友。這幾個摯友的特點是，都是高手，怕他死，但是同時懂他為何敢於赴死。

湯米・考德威爾（Tommy Caldwell），一位頂尖攀岩者，艾力克斯少年時期的榜樣，負責陪他一起充分研究預習路線。

金國威（Jimmy Chin），本片導演、登山界高手、探險攝影家，率團隊完成了極其艱苦的拍攝。因為艾力克斯的天賦和努力加上這樣一個充滿信任的高手團隊，才有了後來的紀實電影《赤手登峰》和讓全世界為之驚歎的機會。

湯米在片中説：「艾力克斯相信他在攀岩的時候有層盔甲。我在想，作為他的朋友或家人，也得有層盔甲。」

英雄與凡人

看電影時，你會和主人公的朋友一樣，為女朋友的出現和存在感到隱隱擔心。

如果説我們這些觀眾是凡人，那麼艾力克斯在片子裏只有兩次展露了他和我們的共通之處，第一次是當他感覺不對放棄第一次酋長岩攀登之後，他在車上説「也許我就是很弱」；第二次是他和女朋友買了房子（竟然）去買雪櫃的時候。

當然這份愛情艾力克斯自己喜歡最重要，但這不是重點。重點是，我們可以看到艾力克斯和她的女朋友桑妮，就是英雄與凡人的直接對照。

艾力克斯要赤手登峰的成就，桑妮要平淡快樂的生活，他們不是一類人。對於這點，艾力克斯是清楚的。他說：「桑妮認為，人生的意義在於追求幸福，和能讓你開心的人在一起，共度美好時光。而人生的意義於我，在於取得成就。任何人都可以過得輕鬆快樂，可只是輕鬆快樂，人不會進步。沒有人能既過着輕鬆快樂的生活，還取得偉大的成就。」

片中原文是：
"Everyone can be happy and cozy."
"No one ever accomplished anything by being happy and cozy."

這段話簡直是全片的點睛之筆！這是極少數人的宣言啊，反正它當時深深打動了我。

插播一句，經緯中國組織的這場是創業者專場，我猜全場創業者都被打動了，這段話簡直正面叩擊創業者的心。

看到這裏你就不擔心了，英雄就是英雄，他也知道自己是，別的甚麼人都撼動不了他賦予自己的使命。

緊接着，他又自白了一段，我猜有的創業者觀眾當場直接熱淚盈眶。

「重要的是成為一名戰士，具體為甚麼而戰並不重要，這是你要走的路，你要力求做到極致。為了實現目標，你得直面恐懼，這就是勇士精神。我覺得赤手登峰的精神，就很接近武士文化，兩者都要求絕對的專注，這關於你的性命。」

這樣的話被活着的傳奇英雄親口説出，如同魔法咒語，讓人全身如觸電一般。

當你看到英雄之所以為英雄之後就放心了。即使在出發攀登酋長岩之前，桑妮給艾力克斯理髮這溫馨的鏡頭之中，你看到的也是出征前的儀式感和戲劇張力，艾力克斯高挺的鼻樑，漆黑、凝視的眼睛和新剪的短髮，漸漸浮現出傳奇英雄的面容。

決戰日

決戰日是萬全準備之後的決戰日。

這天艾力克斯快樂地說：「我今天穿了綁緊的鞋，就像武士拔出自己最愛的劍一樣；現在，該是我的寶劍出鞘的時候了。太激動了，我要迷醉了，感覺自己像是絕地武士，有了光劍一樣。」

經過 10 年的準備，2017 年 6 月 3 日，早上在卡車裏醒來之後，艾力克斯獨自驅車前往約塞米蒂，度過了他一生中完美的一天，徒手攀登上了酋長岩，感到內心平靜與自由。

當影片來到結尾，你不會再像電影開場時那樣認為他只是個瘋狂的冒險者，反而會明白這其中長期計劃所體現的謹慎與自律。在 8 年準備攀岩的過程中，主人公持續積累直到技藝精湛，不斷調整計劃，經過無數次試錯，從未打算把生死交到運氣的手裏。

艾力克斯達成夢想，憑的不是運氣和天分，而是過去 20 年攀登練習所積累的經驗和能力。艾力克斯的準備方法當然適用於所有人，無論是學習還是工作，或者創業。

《赤手登峰》所講述的，其實是一個人如何極度專注於他熱愛的事情，如何戰勝恐懼，有計劃地一步步接近目標，攀上頂峰的故事。

從核心方法論到終極等式

現在，讓我們體會《赤手登峰》給我們的核心方法論。

在整部電影中，我們看到的是一個終極等式，以及主人公艾力克斯為這個等式提供的版本。

艾力克斯在 10 年前就在等式左側輕輕寫好了他的目標：酋長岩。

在等式另一端，他也用全力寫下了此生願意付出的最大代價：生命。

所以，艾力克斯的終極等式是：酋長岩 = 生命。

那麼你的呢？你的等式兩端各是甚麼？你的畢生目標是甚麼，你又願意為此付出甚麼樣的代價？

如果說艾力克斯的方法論適用於所有人，那麼所有人必須首先有一個這樣的等式。

等式左邊：甚麼是我們朝思暮想、不容置疑的夢想？

等式右邊：甚麼是我們願意付出的最大代價？這代價是命懸一線，還是時間、金錢，抑或是機會成本、資源、信任？

我們需要有甚麼樣的計劃和戰術、甚麼樣的日常儀軌和團隊？為了減少恐懼，我們要做甚麼樣的萬全準備？當干擾和質疑襲來，我們做英雄還是凡人？哪一天將是我們的決戰日？

當你擁有這樣一個等式，你也就成了一個在途的英雄，可以像艾力克斯一樣耐心地按自己的心意展開生活。當我們清楚地知道自己的畢生信念，也清楚地知道自己願意為此付出甚麼代價，他人的質疑就不再構成任何干擾。我們將在堅定的前行中，淬煉出更強的實力和方法論。

在未來，我們也可以擁有這種可稱為 Free Solo 的瞬間，一個人站在岩石的頂端，享受畢生目標的實現。我們不是赤手登峰者，但我們一樣是人生理想的兑現者。

填好終極等式，充滿苦難和恐懼的旅程也就開始了。每當恐懼襲來時，你要對自己説：「真好，我依然在做準備，我沒有向對我而言最重要的事妥協；因為我早已知道，這個人生終極等式再難，也難不過 2017 年 6 月 3 日的酋長岩。」

硬核人生終極等式

以上就是這齣電影的觀後感，在寫完觀後感的幾個月，電影裏艾力克斯站在岩石頂端，享受畢生目標實現的畫面一直在我腦海中重播。我一直在思考我的終極等式兩端各是甚麼，如果存在一個通用等式，能夠充分解構所有人對各自「酋長岩」的攀爬，這個等式會是甚麼。這個等式裏應該包含艾力克斯和整個攝製組冒着巨大的死亡風險想要傳達給觀眾的訊息，只有解構出等式中具體的元素，並理解和使用這個等式，才能應用到每個人的「酋長岩」目標裏去。

我們再來看一遍艾力克斯的終極等式——**酋長岩＝生命。**

那麼我們的等式兩端各是甚麼呢？

等式左邊一定是夢想或目標，是我們沿着核心競爭力走下去能夠達到的最終結果，它應該是等式右邊的元素發展變化的結果。顯然，等式左邊是個因變量，是我們能夠抵達的夢想（Dream）或者目的地（Destination），剛好英文首字母都是D，為了讓等式看起來更像函數關係，我在等式左邊寫上縮寫D。

等式右邊才是關鍵，我們需要思考對應甚麼元素會讓D發生變化。

一開始我在想，我的夢想再狂野，也不會極致到像艾力克斯這樣願意付出生命。但是繼續思考後發現，我也只有這一條命，而且這條命必有終點 —— 如果我從此刻開始為 D 付出足夠長的時間，且付出到接近生命的終點，就約等於我為到達 D 付出了生命。沒錯，時間就是生命。這個遊戲繼續玩下去，不管玩多久，本來就是沒辦法活着通關的遊戲。

艾力克斯為了攀登酋長岩練習了 8 年，我也需要為我的夢想準備足夠長的時間，這個決心可以下，在夢想面前也必須下。那麼等式右邊一定存在一個自變量 —— 時間 N，N 也需要像艾力克斯的練習時間一樣按年計算，這才夠長。

繼續參考艾力克斯的成功會發現，D 能否實現，很顯然跟現在的起點水平有關係，而這個重要的起點就是此刻的核心競爭力。此刻水平的英文是 Present Location，等式右邊必然存在一個核心競爭力起點 P。對每個人來説，一旦啟動應用該等式，核心競爭力起點是固定不變的，因此 P 在函數關係式裏是個常量。

艾力克斯每天都在艱苦的練習中進步，那麼他 8 年中總共增強的實力，取決於每年進步的速度。速度就是 Rate，我又得到一個字母縮寫 R。我們知道，能力和效率會影響進步的速度，因此 R 一定也是個自變量。

於是現在我們為等式右邊找到了三個元素，P、R 和 N，那麼現在需要了解它們如何排列組合才能構成 D。或者換一個角度思考，像艾力克斯這樣完成了「不可能的任務」的極少數人，他們的 P、R 和 N 究竟是如何排列組合的，才讓他們如願到達了 D。

我的腦海浮現了兩位前輩的兩個描述。第一個是《從 0 到 1》中的冪次法則，冪次法則簡單來説就是帕累托二八原理，冪次法則對發展的解讀是：一段足夠長的時間後，極少數企業和極少數人會顯示出指數級增長，完勝其他企業和其他人。

我想到華倫・愛德華・巴菲特（Warren Edward Buffett）著名的表述 —— 人生就像滾雪球，重要的是找到很濕的雪和很長的坡。這句話是他對投資真諦的經典描述：複利、企業和人能否獲得超級增長，取決於他們是否存在長期的指數級增長。滾雪球是個極好的比喻，因為雪球的增大不是線性變化，而是指數級變化。統計學和經濟學都告訴我們，所有事物的發展隨着時間變化都是非線性的指數變化。

我們終於得到一個認知，極少數人的人生完勝其他人，在於發生了非線性的指數級變化。艾力克斯的要素再融會複利公式，P、R、N 也就找到了它們的天然位置。因為這個等式裏的字母是我按照複利公式親手填上去的，在這本書裏，請允許我將它命名為「硬核人生終極等式」。

$$D=P(1+R)^N$$

(D：夢想或目的地；P：核心競爭力起點；R：進步的速度；N：時間)

早在 2010 年，我在經營活動策劃公司時期，為客戶在北京做過一場巴菲特和比爾．蓋茨的中國之行盛典。我是第一次親見這位傳奇前輩，路上需要寒暄，問他：「您覺得這場發佈會怎麼樣？」巴菲特先生說：「很好啊！持續做你喜歡的事情，就會非常好。」

可惜啊！當年愚蠢的我都不知道巴菲特對我說的就是硬核人生終極等式。

原來，巴菲特先生在 2010 年中國大飯店宴會廳的後台面授過我一次雪球原理；10 年之後，我才有能力懂得甚麼是「喜歡的事」，甚麼叫「持續做」。可見，喜歡的事可能是雪球的核，是核心競爭力，把這件事找到，持續做，雪球才能滾起來。如今 10 年後，我的雪球才算是滾起來了。當我們每天判斷是否給自己安排了賺錢時間時，我們應該捫心自問一句：「同學，今天，你『滾』起來了嗎？」

讓我們回到這個等式，在理解它的基礎上應用。等式都有適用條件，那我們現在來為裏面的自變量賦值，看這個等式可以推演出甚麼樣的 D，是否適用於你。

再明確一下其中各個變量：D 是我們的夢想，P 是現在的核心競爭力起點；因此無論 P 現在是甚麼情況，你的核心競爭力都應該是個正數。如果你正在向目標的方向努力，那 R 就是正數，反之則不是。N 是時間，這裏我們指向人的畢生成長時間，因此按年計算。

我們通過函數圖表來科學觀察當你做出不同的行動，導致自變量不一樣的時候，你的人生會呈現甚麼趨勢。

第一種，不進則退的人生：想像中的直線人生

你說你不是艾力克斯，也不是我這種人，你只求知足常樂，歲月靜好，波瀾不驚，要一個直線人生即可。藉此我們可以回憶一下高三的數學，當你把知識還給老師，R 並不是 0，而是變為負數，正如高考那兩天曾經是你學科知識的峰值。由此 D 出現轉折點，行動停止之後 D 的值一路下跌。我們所處的環境不會是靜止的，當周圍向前奔湧時，即使向前划水僅像追平；但停止努力後，你並不會靜止，而只能不進則退。無論是哪一個 D，技能、收入還是身材，直線人生都從未存在。

所有的一切（體力、技能、知識），都可以通過訓練變強，或者因沉淪變廢。

不進則退的人生

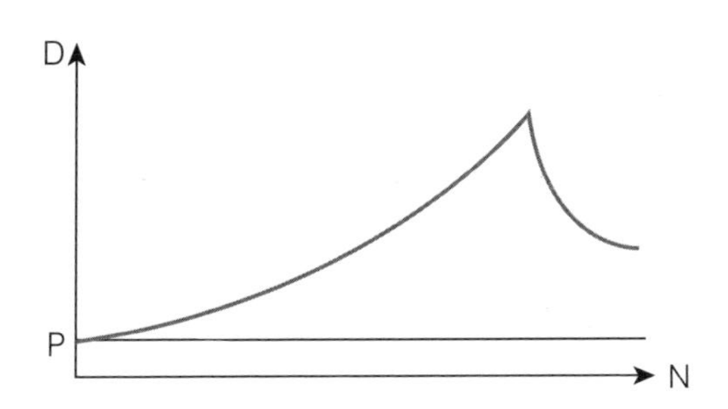

第二種，投機和速成主義的人生：有多少 D 可以重來

我追求過好幾個 D，因為在很長的時間內，我都無法知道到底應該追求哪一個。大多數時候，我不認為是我的問題，而是成長的必然問題，也有環境局限性的問題和運氣問題。而今，當我在圖表上回顧這些歷程，我可以清晰地看到遺憾早已發生。不單是要趁早理解和運用這個終極等式，更是要趁早找到 D —— 雪球的核、核心競爭力，然後時間自然會給我很長的「坡」。

當你足夠年輕時，轉換 D 是一種有效的試錯法，有效排除「錯」才有更大概率抵達「對」。我們為了弄清楚自己和世界可以不斷嘗試，隨着 D 的轉換，人生的圖表就會呈現出圖中這樣的淺嘗輒止。最棒的旅程是，你嘗試了 100 個不想要的 D，終於與那個真正的 D 相遇。

令人遺憾和焦慮的旅程是，隨着 N 軸剩下的時間越來越少，真正的 D 遲遲沒有出現，而你現有的 D 還在隨着他人和環境的影響而不停轉變。於是你擁有的會是一張典型的速成主義者和投機者的圖表。

投機和速成主義的人生

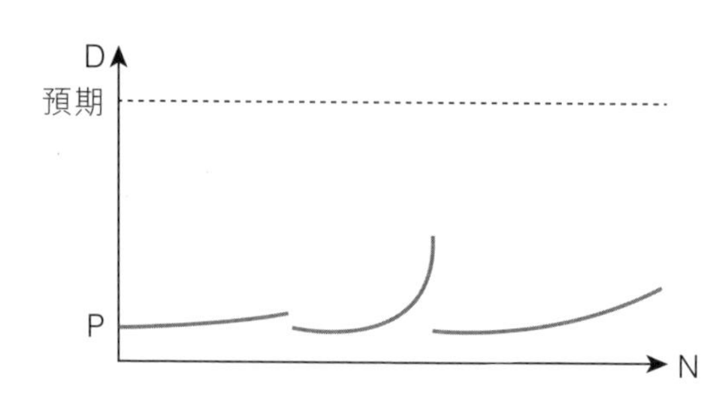

D 的飄忽不定令你的 R 高高低低，N 無法持續。D 遲遲不來，你有一天終於厭倦了這個圖表，再次放棄了一個 D，你對這個世界深深地感到失望和懷疑。

第三種，長期主義者的人生：微小積累，循環增強

擁有明確的 D 且每天朝向它前進的人們，往往會呈現出這樣一張圖表。

長期主義者的人生

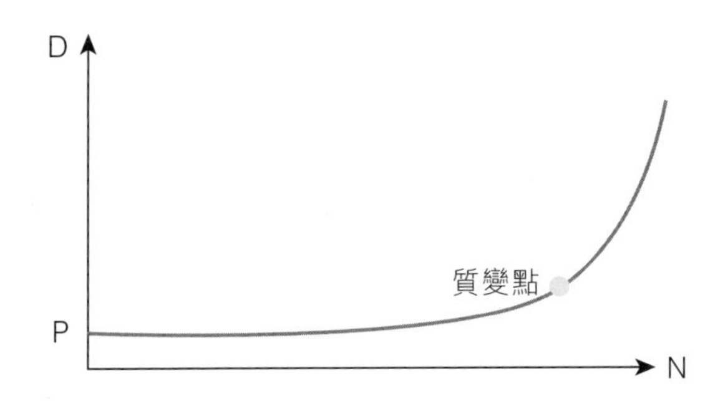

當 P 是既定的，R 數值較大代表速度也較快，N 趨向於足夠長的時候，我們看到曲線上在時間的某處出現了一個神奇的質變點，在那之後，D 開始高高地揚起。正如巨大的雪球風馳電掣，沒有力量能阻止它的滾動，就像艾力克斯終於攀上岩壁，站在酋長岩也站在全球赤手登峰者的巔峰。

冪次法則的魔法，在於循環增強，冪次曲線充分展現了賺錢時間的真諦。

R 代表微小積累，N 代表持續改變，D 代表時間看得見。賺錢時間就是朝向目標 D，通過微小的持續成長疊加起來足夠長的時間，去等待質變點的出現。

相對於前兩個圖表中的人生，在這個冪次曲線軌跡中行走的人生，可以被稱為第三種人生。這是長期主義者的人生軌跡。

有了這個等式以後，我們就可以知道，在甚麼情況下，預期中的D無法實現。

第一種情況，經常描述夢想D，但描述完就結束了，沒有展開行動，等於曲線從來沒有開始勾勒。

第二種情況，過兩個月D又變了，曲線半途而廢。

第三種情況，R時有時無，時大時小，甚至變成負數。

第四種情況，D明確，R是穩定的正數，也有N，但N還不夠久。

在這個曲線軌跡圖中，我們再次清楚地看到了那兩句經典的描述：

「一段足夠長的時間後，極少數企業和極少數人會顯示出指數級增長，完勝其他企業和其他人。」

「人生就像滾雪球，重要的是找到很濕的雪和很長的坡。」

個人的慾望、社會的發展、文明的進步、物種的進化，都是這條曲線上的一個個點，在每個場景之中都正發生着各自長期主義的變化。在不同的時代和行業之中，這條曲線會呈現不同的樣貌，R會出現天壤之別，而質變點會被文明的大手來回撥弄。也正是因為如此，無數的人在日夜尋找規律，想找到我們這個時代效率最高的 R，找到讓曲線最陡峭的 N，尤其是找到最快到達的質變點。

在 18 世紀以前的農耕時代，經過無數個春秋輪迴，農民才能培育出一粒遺傳性徵優秀的種子，這粒種子就是質變點，在它之後，能夠豐收數十個世代。農業生產每次發生質的飛躍，關鍵取決於種子革命。而農耕時代的人類在耐心等到第一粒好種子出現的質變點之前，可能等待了幾百年。

在 19 世紀以後的工業時代，又經過無數個日夜的潛心研究，人類歷史上出現了蒸汽機和發電機，這是工業時代的質變點。之後人類獲得了動力機器和空前的能源，突然間擁有了冶煉、紡織、交通技術和其他的一切。

20 世紀晚期，訊息時代到來，淹沒了所有人。而訊息時代中 R 和 N 都發生了前所未有的變化，R 再也不是勻速的自變量，N 從 0 到質變點的距離可以被縮到極短。這個時代本身只有一個速度：冪次速度，這是所有相關行業的發展速度。具體到個人，如果設定與努力實現的 D 也恰巧是時代的 D，就會親眼見證一切曲線軌跡都在隨時代一起瘋狂上揚，而質變點如禮花爆炸般繼續襲來。

當我們站在此刻看向未來時會發現，迎接我們的將是智能時代，那麼效率最高的賺錢時間、最快的 R、最短的 N、最準確的 D，也許都將投射在這個時代之中，和其他大大小小的變量一起在途中發揮作用。所謂的趨勢、行業選擇、歷史流變、時代浪潮，對個體來說，都是在描述如何尋找和確認 D，與誰為伍追求 D，然後矢志不渝，埋頭積累價值，這就是賺錢時間的要義。

這裏再重複一下賺錢時間的基本觀點：

1. 保持循環增強。

2. 時間不願意回報渙散和沒恆心的人。

長期主義的知行合一

做人要做長期主義者，喊這個口號是容易的。做了長期主義的事，才算長期主義的人，這叫知行合一。

以下的事看似都是執行時間管理，但如果能堅持超過 3 年，即可自行判斷為真正的長期主義者。

1. 計劃以年為單位

由於日夜交替的自然法則，古代人類又很難預知明天的變化，就會本能地偏好用「天」作為計量單位。當人類敢於用月、季度、年做計劃和安排預期時，那就標誌着思維能力的進化。第一批學會種植的智人，就是第一批懂得等待的長期主義者；因為打獵、採摘當下就可收穫，但種植卻需要耐心等待一年。那種面對不可知的等待需要空前的耐心和勇氣。學會播種之後耐心等待，讓人類得以進化成更高級的人。

長期主義者既然堅信結果取決於足夠長的時間維度，就需要計劃和設計這個維度。「趁早效率手冊」連續 10 年在末尾印刷「一生的計劃」，就是引導使用者以年為單位來考量每月、每天的事情，真正以年為單位做選擇、做計劃和思考問題。

這種做長期計劃的時間管理方式通常用甘特圖和計劃表來完成，對應的是農業時代的時間管理方式。這種計劃方法產生於農業技術逐漸發達的階段，那時田地產能穩定提高，人已經可以做到以年為單位規劃可預見的未來。這麼看來，如果一個人還沒有進行年計劃的意識和行為，那麼可以判斷他的時間管理觀念還停留於農業時代之前。

2. 每天為自己安排賺錢時間

如果只有長期計劃，不刻意安排每天的賺錢時間，就依然不是一個真正的長期主義者，冪次曲線和終極等式已經告訴我們這一切。

但是落實在時間管理的方法上，安排每天的賺錢時間是有客觀難度的，尤其當我們還在戴有生存時間枷鎖的階段時。如何安排、騰挪生存時間和賺錢時間，是一個長期主義者的必修課。

這就必須涉及工業時代時間管理的代表性方法論 —— 四象限法則。

很多人都嘗試應用過四象限法則去分配工作的優先級。但只有深刻理解了長期主義的真諦，你才會真正明白四象限法則中的「重要不緊急」是甚麼概念，這時候你才會知道，你未來的重大成果和生活質量，是由做重要而不緊急任務的時間累計起來決定的，而這些時間就是我們所說的賺錢時間。

四象限法則

重要且緊急 ☐ ☐ ☐	緊急不重要 ☐ ☐ ☐
重要不緊急 ☐ ☐ ☐	不重要不緊急 ☐ ☐ ☐

你也終於理解，為甚麼再煩躁也必須找到方法高效做完「重要且緊急」區域和「緊急不重要」區域的事情；因為它們都屬典型的生存時間，只能解決你當下的問題，並不能創造你要的未來。它們完成得越快，你就獲得越多的時間給到「重要不緊急」的賺錢時間，讓自己在今天退回循環增強的冪次曲線上去，繼續等待質變點的到來。

而四象限中「不重要不緊急」事項的名字始終帶有功利主義的歧義。我們就是因為這樣的定式思維和慣性分類把其他事務從生活中摘除的。當我們劃掉它們時，我們劃掉的就是自由自在，就是第一章效率手冊願望清單中那些美好的分類。

四象限法則來自古老的工業時代，那是個時間管理的「效率時代」，在隆隆作響的廠房中只關注如何完成絕對具象的目標，對事務的評判當然會被生硬地分為兩種：提高生產效率的和降低生產效率的。但我們不是機器，我們寫在「追悼會策劃表」裏的人生那麼豐富，當然遠遠不是只有生產效率這麼單調乏味。

「不重要不緊急」的事情也可能是有意義的事情，我們會讓它們存在並帶給我們此生應得的快樂，它們未來會出現在五種時間中的其他三種時間裏。

3. 因為信所未見，所以延遲滿足

長期主義者當然是相信未來的人。

延遲滿足已經成為品質，人們用「忍耐、節制、韜光養晦、厚積薄發」來形容它，而品質是長期呈現的態度和行為。為了追求更大的目標，做到克制當下的慾望，屏蔽眼前的誘惑，把更大程度的滿足感留在達成目標之後享受。延遲滿足是長期主義者的一個特徵，他們像當世的修行者，願意沉下心來，深打一口井，苦練一個必殺技。

長期主義者都是行動者，因為相信前面有質變點，所以步履不停，知道如果中止前行，質變點就永遠都不會到來。如果質變點現在沒到，也只是代表暫時還沒到而已。《終身成長》這本書裏有這樣一句話：「考試成績和對當前成就的評估只會告訴你目前處在甚麼位置，而不會告訴你將來會達到甚麼高度」，在路上的長期主義者也這麼認為。

人還是要選擇做一個長期主義者，這樣才不會因為某一次輸贏，一時的絕望，一城一池的得失而把自己的能力認知固化。一旦思維固化，腳步就停止，潛能就被埋藏，一生就卡在了那裏。

4. 讓雪球滾起來

終極等式和第三張圖表展示完畢，長期主義者的定義就説完了，賺錢時間的要義也已經昭然若揭。

按照終極等式：$D=P(1+R)^N$ 選擇值得為之付出時間的終極目標 D，明確自己當下的核心競爭力起點 P，確保自己的增速 R，然後讓 N 向無限大推移，等待質變點的到來。

現在還剩最後一個主要問題：如何找到 D？找到雪球的核，讓它滾起來。

理想中 D 的模樣

最理想的 D 是可以被描述的，D 就是 P 在未來的無限延伸。它應該處於「我熱愛的」、「高於平均水平」、「市場需求」和「複利屬性」的交集。理論上可以通過逐個比對去錨定 P 的位置，但在此之前，我們對以上 4 個區域都要有必要的了解。

找到熱愛

找到熱愛是最直接的，因為它完全來自你的主觀感受。你為甚麼投入、沉浸，孜孜不倦，廢寢忘食，只有你自己最清楚。你熱愛的這件事必須有創造價值的可能，你在這之上澆灌的時間必須凝結在某種產品中，市場會給出價格，價格隨着你不斷做功有逐漸升高的預期，只有這樣這件事在未來才配被稱為 D。

D 的模樣

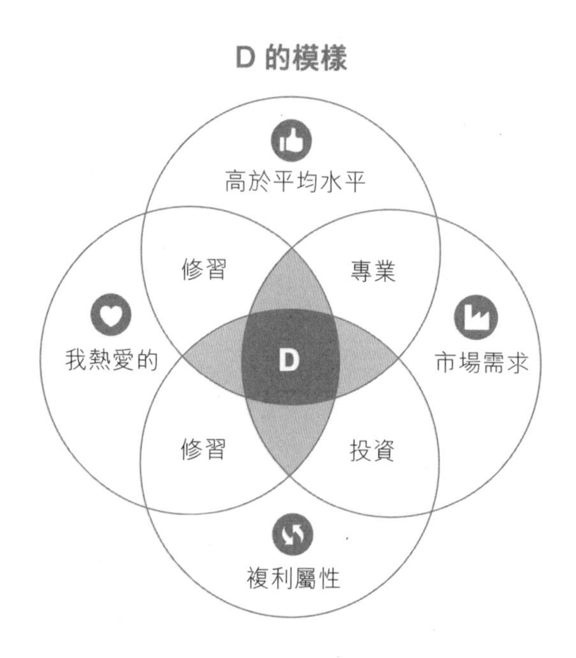

在技能和專業領域中，找到熱愛的判斷方法其實並不難，可以記住這句話——當熱血湧上心頭。當你面對一項事業、一個愛好時，如果出現了高度的熱情，找到和記取那個時刻。

你也可以參考第一章中的人生起落圖，觀察你描繪過的低谷與巔峰，通過回顧這張圖重新確認峰值所在的點。在你獲得極致人生體驗的那些時間點上，你曾做了甚麼事，甚麼樣的成就和里程碑會帶給你確定的極大快樂？你的燃點、爽點、沸點之中，必然存在你的熱愛。

以我為例，在大學畢業之前，我一直誤以為我的 P 是我當時擁有的播音主持技術，D 是做行業內頂尖的主持人和播音員。直到有個機會讓我重新發現了自己的燃點，從此改寫了我的 D。

我大學的專業是播音主持，臨近畢業時，有一個月一邊在電視台播新聞資訊，一邊給播音系的文藝晚會設計繪製舞台背景。每天下午我會在電視台度過，化好妝、整好頭髮，接過稿件小心翼翼地在攝影機前把別人寫的內容讀完；晚上我再回到學校繼續做舞台美術設計，因為設計、繪畫是我的愛好。晚會開幕那晚，我播完新聞趕到現場時，全場已經坐滿了同學，黑暗之中，我看到大幕在音樂中緩緩揭開，燈光亮起，全場都在發出驚歎，那一刻我感到熱血湧上心頭，獲得了作品被承認後的巨大滿足感。那一刻的滿足感遠超過我每一次播新聞的所謂閃亮時刻。

至今那晚的大幕拉開都可以算作我人生的巔峰體驗之一，也是從那晚開始，我清晰地知道真正能讓我熱血湧上心頭的不可能是朗讀別人的稿件，而是按自己的意願創造作品，我的 P 存在於作品的創造中，而未來的 D 也必將呈現於作品之上。那個瞬間帶來的認知深刻影響了我後來的行業選擇，於是我離開了電視台，進入商業設計與活動傳播行業 —— 更靠近我心目中 D 的行業。

高於平均水平的 P

熱愛不等於擅長，如果希望讓熱愛成為 D，核心競爭力起點 P 要經過行業平均水平的檢驗，需要通過努力使其高於平均水平。

我寫下過「互聯網時代，沒有懷才不遇這回事。」我至今依然如此認為。

你需要主動判斷你的水平處於行業中的哪個層級和位置，這意味着你需要了解行業概況。你可以通過查閱和諮詢完成這項工作，但最好用的方法就是參與競爭或公開展示以獲得評價。

以我為例，在我出版第一本書之前，其實對自己的寫作能力沒有清晰的認知，只知道自己有整理和表達觀點的願望。我的第一篇「公開寫作」的文章是〈寫在 30 歲到來這一天〉，發佈在當時流行的博客上，得以正式進入公開視野被評價。之後這篇文章成為那個年代點擊量超千萬的超級紅文，我的觀點提煉能力和文字能力得到驗證，我才判斷出寫作可能是我擅長的事情，可能確實高於平均水平。但從現在來看，寫作的核心競爭力不是寫作本身，是思考和表達的綜合結果。

因此，在決心走上終極等式曲線之前，要認真、客觀地審視自己選擇的方向到底是熱愛的還是擅長的，或者這份熱愛有沒有通過努力達到擅長的可能性。

市場需求

「是金子總會發光的」這句話，忽略了一個重要條件，那就是歷史進程首先要選擇金子作為貨幣。

市場需求很大程度上是由社會整體發展情況決定的，想判斷一件事有沒有市場需求，你可以參考一家創業公司怎麼做市場調研。你可以像一個創業團隊那樣，從行業報告、需求場景、人群體量等多方面考量，以獲得你選定的 D 所在市場的需求的概貌。

判斷社會需求，指的是你所選定的領域是否為推動社會的整體發展和公共利益提供社會價值，譬如環保、新能源、高新科技等領域。只有持續具備社會價值的產品和企業，才會在很長的時間維度內給你提供源源不斷的滿足感。這種滿足感未來會超越我們所說的賺錢時間，晉級到更高的維度中去。

判斷依據當然還有金錢，金錢是生產力工具，是橋樑和翅膀，是真實世界給我們的掌聲。你的 D 賺錢嗎？定價體系健康嗎？利潤率漂亮嗎？

從訊息時代到智能時代，冪次曲線當中的市場變化極快，我們幾乎很難推演出我們的愛好和擅長的事是否在未來繼續匹配市場需求，也很難從市場需求逆向推演培養自己的愛好和擅長點。譬如幾年前，有書法技能的同學還不能通過在線教育獲得豐厚的收入，擅長在鏡頭前表達的人也並不知道直播可以讓人獲得深耕賺錢時間的機會。所以，你最初的熱愛和擅長之處如此重要，無論時代怎麼更迭，它們都自然可以幫你找到方向。

複利屬性

「我堅信付出就有回報。真正的回報與所付出的勞動和艱辛之間，存在一種正比例關係。這就是我對我所有的發明，都很自信的原因之一。」塞爾維亞裔美籍科學家尼古拉·特斯拉（Nikola Tesla）如是說。

我們進入賺錢時間，就是要告別希臘神話中的西西弗斯（Sisyphus）。西西弗斯受到了神的詛咒，每天只能推石頭上山，晚上艱難推到山頂的石頭，到早上又會滾落到山下，日復一日生活在生存時間中。

而我們有機會選擇不做西西弗斯，擺脱詛咒，得到祝福。而最大的祝福就是踏上複利的冪次曲線之路。

沿着核心競爭力做能夠產生複利效應的事，是賺錢時間的核心，也是當你做出關於目標 D 的重大選擇時應該考慮的關鍵。我們是否找到了自己的核心競爭力，是否每天在做循環增強的事？這件事隨着時間向前流動時，是否具有複利屬性？

如果說有運氣存在，運氣往往就出現在長期積累後的質變點。優秀不是偶然的表現，而是一貫的卓越，當運氣來臨的時候，人恰好處在他本該在的狀態。人的成長和發展從來都不是學習 1,000 個道理，而是把最基本的道理在他選定的道路上踐行 1,000 遍，使它們最終成為自己身體的一部分。

現在，你需要的只是簡潔地重複。選擇一個有核的雪球，選擇一個又濕又長的坡，然後做一個長期主義者，展開行動，用你的手將雪球輕輕推出，讓它在未來持續滾動。

我的理想 D

D 的尋找之路相當漫長，因為一個人能確定自己的核心競爭力起點 P 就很不容易。即使我畫出了上面充滿交集的四個餅圖，看似勾勒了一個理想模型，但回顧這 20 年，我尋找 P

和 D 的難度大概是畫出這個交集圖的 10,000 倍。

先要克服虛榮，有時候，你以為你熱愛的是這件事本身，其實你熱愛的是這件事背後的虛榮。那麼當這件事有一天無法帶來預期的榮耀或榮耀不能再滿足你時，這件事就很難繼續維持下去。

我們在第一章通過追悼會策劃表測試甚麼是真正的畢生熱愛，在這裏是尋找 D 的一個重要參考。當你在房間獨處，誰也看不見你，當做這件事可能不掙錢，也暫時沒人知道，你依然默默很樂意的時候，這件事向前指向的終極目標就應該很接近 D 了。

就像我大學專業選擇播音主持一樣，18 歲時我幻想有一天端正美麗地坐在電視屏幕裏，大家都看着我。這就是典型的虛榮心，大家都看着我幹甚麼？我其實並不會給看着我的人帶來價值，我只負責提供朗讀價值。給看電視的人帶來價值的部分是播音員唸出來的那些內容，而那些內容裏描述的、足以形成新聞的事是另外一些人做的，那麼我是不是應該直接去做那些有價值的事呢？

大家在探索 D 的過程中，遇到的第一個痛苦很可能和我的一樣：所學專業和技能暫時集中在 P，同時模模糊糊有個 D，D 雖然還不能具體描述成使命、願景、價值觀，但是有一點可以肯定，這個 D 基本和眼下的 P 沒關係。當初我意識到我的 P 是對着鏡頭表達，而 D 似乎是創造能給人帶來價值的作品時，就輾轉反側，愈想愈痛苦，感覺專業沒選好，後半生都要荒廢。人生明明剛開始，放眼望去，卻看見各個行業熱氣騰騰，各路精英躍躍欲試，唯獨我渺小而沒有方向。

但我現在認為，在高考填報志願階段就為自己選好畢生的方向這件事一點都不現實，18 歲時我們為自己選擇的是大學、城市和同學，這些分明是一種基礎的人生秩序；選擇的是在甚麼節奏中生活，與誰為伍，接受哪個學科的基礎認知。在大學裏，這些認知和秩序已經融匯在校訓和校風裏，體現在前輩和優秀同學的行為上，最後普遍的卓越成績都是認知和秩序帶來的結果。18 歲的時候我們努力高考，是為了把自己送進那個環境去。

無論最後把自己送入哪個環境，無論修習甚麼專業，四年之後，所學專業和技能也只是暫時集中在 P。只要前面還有時間，我們就有選擇。為了追求 D，為了建立新的 P，環境和專業沒給我們的，我們可以自己給；為了後半生，我們可以重建秩序。

既然尋找理想 D 和建立新的 P 的路程是漫長的，就得設法接受在很長一段時間內，自己的人生終極等式曲線可能會呈現第二種人生圖表的樣子。事實上那張圖表就是我 21-35 歲的圖表，在每個行業方向上探索一段時間然後又轉向。我簡歷上寫着播音員、公關公司職員、設計公司創業者、雜誌主編，可我到底想幹點甚麼呢？面對這樣的生活，關心你的人一定會擔憂，你自己也會，有能力的話誰不想踏上高歌猛進的坦途呢？

我大概在 35 歲時才算真正踏上自己的人生終極等式曲線；但在這之前的路上，在行業與行業的轉換中，在「人生可能也就這樣了」的自我懷疑中，我還有兩個底層信念：

1. **只要我不停地做任務，就是在打磨 P；只要我不間斷地在嘗試和思考中了解自己，隨着時間推移，P 和 D 會漸漸浮現。**
2. **只要雪球已經開始滾動，無論往哪個方向滾，都會有雪多雪少、坡陡坡緩的區別，但雪球一定是在增大，只要滾下去，終有一天串起點滴。**

“Every man over forty is responsible for his face.”

by Abraham Lincoln

“每個四十歲以上的人都要對自己的臉負責。”

亞伯拉罕・林肯

04

好看時間：身體主義

「人和人的差異，總是先於思想、經歷和教養，呈現於人前，銘寫於身體之上。很多時候，試圖了解一個人的人生，只需要閱讀他的身體，他的身體忠實記載了他的命運。」

這句話我曾寫在 2013 年出版的一本書中，現在回想，我是在那一年，在生存時間與賺錢時間的喘息之中，空前重視好看時間。命運大概會有四個契機讓你確定地想要好看時間：第一個出現在你於繁忙中病倒時；第二個出現在你裸體站在鏡前審視自己的身體時；第三個出現在你看到極少數同齡人的樣子時；第四個，當你發現改變自己的樣子，是你眼下唯一能改變的現狀時。

無論是皮囊還是內在，所有呈現結果的事的內在邏輯其實一致，都在於你經過觀察和體驗，給自己設立了一個甚麼樣的人生標準。這個標準在你內心裏，達不到就難受，就輾轉反側。過別人的關難，過自己這關最難。

出場順序

在 2018 年，每次「五種時間」現場巡講中，好看時間本來是第一個出場的。那時我告訴大家它排在我的五種時間優先級的第一位，的確是的，至今也是。

但那時 40 歲的我忽略了一個重要的事實，好看時間是用很多年才攀爬到優先級的頂部的。當我因為生存時間而體力不支時；當我在度過賺錢時間後喘息時；當我有天終於達成了一個曠日持久的成就後，認真地照照鏡子，驚覺日程表裏必須優先安排這件重要的事情：我從此必須開始鍛煉，必須開始養護身體了！

在時間管理覺悟的早期，人並不是真的要管理時間，而是發現有些事情被逼着非做不可。當幾件非做不可的事情堆疊於一天當中又時間有限時，人們才會開始思考排列組合。

好看時間按説應該是一件非做不可的事，但人們永遠只會在賺錢時間啟動後很久才會真的發覺好看時間不可或缺，我也一樣。

就像手機電量充足時，你想不起充電這件事，只是繼續地使用手機。當手機提醒你電量告急時，你才不得不尋找電源。後來你找到了隨時充電的竅門和節奏，一切就好多了，你因此信心十足地感覺手機可以一直這樣用下去。

好看紅利

亞伯拉罕・馬斯洛（Abraham Harold Maslow）提出人的需要有一個從低級向高級發展的過程，第三層就到達了社交需要，也就是說當生理需求和安全需求被滿足之後，人人希望自己招人喜歡、充滿魅力。好看的人的確很自然地招人喜歡，因為人的眼睛對秩序感偏好，那些符合數學比例的面容和身材一出現就帶着光環效應，所以人人都想成為好看的人。

一旦我們意識到好看紅利，就會開始源源不斷地為此付出代價。首先我們會付出時間代價，會研究、對比和模仿，把能讓自己變得更好看的時間預留出來。然後是絡繹不絕的金錢代價 —— 穿戴、化妝、鍛煉、養護和醫美，以及其他可能讓人變好看的一萬種手段。歷史上所有傳說中會令人變好看的手段，無論科學有效與否，都有人用過。因為好看帶來的好處實在太多了，你的外表和能力共同決定了你的命運。

在「五種時間」的現場課上，由於聽課學員大多是女性，「好看時間」這個分類出現後受到了一小撮男性的質疑，他們認為分類的意義能理解，但是名字過於女性化，不宜納入概括性的時間管理，叫作「健康時間」更加富於邏輯。

如果一個男性因為在自己的時間管理列表中寫下「好看」二字而感到不適，那麼這個問題可能關乎長久以來傳統價值觀的裹挾。人人都需要變好看，在「五種時間」裏，好看不分男女。好看時間仁慈而寬容，在歲月中回報眾生，欣然涵蓋所有性別。如果在探討時間管理結構的開端，男性就要主動把「好看時間」從自己的人生中刪除，這就意味着，未來人生也必定沒有好看可以收穫，那可就真的不會好看了。

更重要的是，在好看時間裏，健康作為好看的必要條件，是必須存在的基礎。在健康之後，追求還遠遠沒有結束。

生命力的好看

這就關係到該如何定義好看。

審美當然是多元化的，但我們知道人類公認的好看長久地相似。我們發現孩童好看，稚嫩的奔跑的動物好看，年輕人好看，運動員好看，凝神專注者好看，奮力拼搏者好看。最後我們發現，他們的好看根本上一致，來自生命力的好看。他們健康、勻稱，神采奕奕，目光炯炯，散發着自然生機。

人類的審美在很大程度上關乎「生命力」的強弱。就像頭髮茂盛與稀疏，我們認為前者更好看，與樹木花草一樣，因為茂盛者更具生命力；同樣，健壯比瘦弱更顯生命力，挺胸比駝背更顯生命力，皮膚有光澤比暗黃粗糙更顯生命力。

在中國文化中，孱弱的美似乎一度被讚譽；但細看千百年來描述美人的詞語 —— 唇紅齒白、明眸皓齒、翩若驚鴻、婉若游龍、榮曜秋菊、華茂春松，我們會發現所有讚美都歸於人的挺拔或清澈，全是生命力充沛的特徵。從古到今，人人都愛英姿勃發，欣欣向榮。

達成關於好看的共識後，可以先得出一個顯而易見的結論 —— 好看時間的重要佔比是健身鍛煉。細、白、軟不代表生命力循環增強的方向，不一定是真正的好看。節食減肥會直接導致蛋白質缺乏和代謝紊亂，也不一定是真正的好看。年輕時的好看並不是因為單純的瘦，而是因為勻稱有力，年長後也一樣。勻稱有力需要長期持續的力量練習。

在自然生命力之上，人會用粉底、眉筆、胭脂、唇膏來裝扮自己，化妝就是一個把皮膚「底座」處理均勻之後，全面拉大面容對比度和飽和度的操作，所有的結果都是對有生命力的面容的一種「擬態」。無論蠟黃還是鐵青，都處理成生機盎然、新陳代謝旺盛同時正處在發情期的樣子。

香水是更加獨特的偽裝，就像動物散發氣味的能力和健康程度、生命力強度成正比一樣，當你早上噴過香水後散發着明顯的體香，就是在告訴四周「今天又是生機勃勃、元氣滿滿、激素旺盛的一天」。香水生意是個關於激素的生意，所有激素生意都是生命力生意，人們渴望生命力。

好看時間的定義是——安排出特定時間只做讓自己變好看的事。

在「五種時間」體系中，應該集中關注和加強兩種好看；第一是生命力的好看，第二是長期主義的好看。借鑑中國傳統道家說的「內用成丹，外用成法」，內丹與外法，是完全不同的作用規律。內丹是修煉以和自己的身體達成契約，可類比規律性的健身鍛煉是演員修煉的底子。而外法就相當於服裝、化妝、道具，需要頻繁變換。但真正的修煉目標在於，不扮亦是本尊。至於醫美，醫美如同恆久地化妝，也是外法，雖然也可以擬態充滿生命力的樣子，但終究不是內丹。

按時間使用功能的屬性劃分，只要劃分了單位時間用於變好看，無論是內丹還是外法，都屬生命中的好看時間。好看手段繁多，健身鍛煉、化妝美容、按摩泡澡、美甲脱毛、醫美整形所花費、佔用的時間，都屬典型的好看時間。但如果你想更恆久地和肉身達成契約，你需要重點安排的是「內丹好看時間」。

因此，你是否處在好看時間當中，是非常容易判斷的。

【如何判斷】

你會感到：常常主動追求；

你的過程：強烈地期待結果，有時為了目標可以忍受枯燥，甚至痛苦；

你會得到：（內丹）變好看、變健康；

（外法）一定期限內變好看，未必變健康。

如果成為「五種時間」真正的使用者和踐行者，我建議你把認定標準定得苛刻一些，這樣隨着時間的推移在未來會看到好處。

1. 需要在賺錢時間基礎上追求好看時間

因為隨着時間的推移，你會發現，沒有循環增強的內核支撐的人，終究只有不堪一擊的好看。年輕時代，這兩種時間的結果最好互為表裏。

先確定你已經晉級到賺錢時間，晉級意味着你已經明確了賺錢時間中的 D 和 P，並已經在有序推進 N。在這之外，你開始有時間、精力和意識着眼於自身的良好狀態。恭喜你，你已經進入了好看時間。

2. 要按照 1：1 配比內丹和外法

原則上，二者所佔的時間都屬好看時間；但為了效果，建議每半小時內丹配比半小時外法，循環相生。切忌只顧外法而忽略內丹，否則久而久之，外法的功力也消失殆盡。如果不煉內丹，那麼使用外法時更要慎用醫美整形，因為內丹的一口真氣抵得上萬千捷徑。當你安排的好看時間裏皆有「內丹好看時間」時，恭喜你，你已經進入了真正的好看時間。

長期主義的好看

長期主義的好看，在「五種時間」體系中，是應該集中關注和加強的第二種好看目標。

賺錢時間裏，我提到了華倫・愛德華・巴菲特（Warren Edward Buffett）和滾雪球要義，但在此還需要提到關於他的重要的另一點 —— 巴菲特 99% 的資產是在他 50 歲之後獲得的。

由此就引出一個有趣的問題：為甚麼很多領域的大師都很長壽？

其實大師與長壽的真正關係是 —— 不是大師活得久，而是因為活得久他才有機會成為大師。

貝聿銘（Ieoh Ming Pei）被譽為「現代建築的最後大師」，他於 102 歲生日後去世。他一生中極為著名的作品 —— 法國羅浮宮入口的玻璃金字塔落成時，他已 71 歲；他在 87 歲時設計中國駐美國大使館；89 歲在自己的故鄉完成蘇州博物館新館的設計。可能在他 70 歲時，和他在同樣水準的潛在大師也存在，但在那之後，貝聿銘又建造了 30 年樓宇，完成了一生中一系列的重要作品。

「壽司之神」小野二郎 1925 年出生於日本，如今已 95 歲高齡，曾是全世界年紀最大的米芝蓮三星主廚，而《壽司之神》這部紀錄片拍攝於 2011 年，當時他已經 86 歲。但就執業年頭，料理界已無出其右者，畢竟小野二郎從事料理行業超過 70 年。

德國哲學界曾做假設，如伊曼努爾・康德（Immanuel Kant）在 57 歲之前去世的話，人類世界只是失去一個自然科學家和不錯的哲學教授；但如康德活到 80 歲，得以繼續深入哲學研究長達 23 年，於是德國多了一位人類歷史範圍內堪稱偉大的哲學界和思想家。

並不是大師都高齡，而是高齡者才更有可能成為大師；因為根據終極等式呈現的冪次曲線上，他們有足夠長的 N 來觸發質變點。賺錢時間之中，最大的瓶頸是你的健康和你的生命。你此生是否能按追悼會策劃表中生平所言實現願望，前提是你能否活着見證自己的餘生。

下決心，活着見證自己的餘生，兑現以下兩點 —— 第一，有生之年不下人生這張牌桌；第二，時間看得見。

把好看時間貫徹到長期主義的維度，保障你的身體機器良性運轉，才能健康地持續行走在終極等式曲線上，充滿生命力地不斷循環增強，讓你的 R 足夠高，讓你的 N 足夠久，親眼見證質變點的到來，笑到最後。

身體主義

五種時間之中，只有好看時間聚焦於花時間關心和打造自己的肉身。

至此，務必將「內丹好看時間」安排進每天的時間管理之中。説白了，當你理解了五種時間的相互作用時，你應該開始調整作息和進行規律性鍛煉，做一個真正的身體主義者。

好看時間可以防止你跌落回生存時間當中。這裏說的就是真正的生存，包括對應的脫髮、虛弱、頸椎和腰椎問題，以及腸胃疾病，還有猝死。生存時間的底層問題不是疲於奔命，而是竟然已經沒有體力去疲於奔命了。失去健康，賺錢時間再無意義，人便退到最低質量的生活。

好看時間可以引發具身認知，具身認知這個概念可以幫助你馬上開始，非常有用。當人積極做出身體動作，動作會反過來影響思維和情緒。一個人的思維、動作和情緒，是互為鏡像的，而人的動作是自身很容易觀察到的鏡像。知與行之間並不存在必然的先後邏輯，行反過來可以影響知，而且「行在知前」在心理學上得到了論證。Just Do It（儘管去做），有着理論依據。

因此好看時間的管理，在於可以通過展開行為重啟你的生活狀態，這在人生低谷時期顯得異常有用。在人生低谷期中，多思無益，需要立刻開始鍛煉，站直、微笑，動作愈多，蟄伏的力量愈可正向積蓄，縮短走出低谷期的距離。

可參考的具身認知理論的研究案例包括：

- 挺胸、抬頭、不駝背就可以鼓勵到自己，只需要保持「有力的站姿」幾分鐘的時間，就能增加心理力量感和冒險的意願；
- 跑步確定會療癒，在心情苦悶時，瘋狂跑圈可以讓情緒得到釋放和緩和；

- 思路不通的時候來回走動，更容易催生新靈感。

具身認知理論也解釋了為甚麼職業運動員的意志力更強，為甚麼喜歡運動的人更樂觀，為甚麼演講者總是喜歡用肢體語言。這個原理的所有敘述和案例都在論證一點 —— 不要磨嘰，請務必在今天的日程中安排好看時間。

好看的及格線

我大學時就讀於中國傳媒大學播音系，我認為在全中國範圍內，強調將好看時間作為超級優先級的共有三大院校，其他兩個分別是北京電影學院和中央戲劇學院。

雖然當時我的導師沒有把保持好看的功課分成內丹和外法，但教學經驗深厚的導師畢竟培養了一群端正美麗的播音員和主持人。按照當時的說法，如果你發胖了以至於觀眾在屏幕上看到你的臉型發生了變化，你就是「對自己沒有嚴格要求」、「對業務沒有精益求精」。這個職業從敬業樂業角度要求從業者必須努力保持好看，從自我管理和優先級角度來看，則是「如果你想吃這碗飯，就別吃那碗飯」。在某種程度上，保持好看的外貌就是播音員、主持人的生存時間或者賺錢時間。

如果說播音主持專業的四年學習對我起到了重要的培養作用，那麼除了用聲音和語言表達專業，我還學到了怎麼才能做到端起來吃「外貌」這碗飯。

養護外貌是播音系的一門重要功課，養護外貌的能力是一項重要的能力，如果想要在這門功課上取得優異成績，首先要參加七門考試並且都及格，分別是睡眠、飲食、運動、遺傳、環境、情緒、保養。而好看的外貌是這七門功課都達到 60 分以上並且綜合管理的結果。

20 年前，我認為達到及格線是了解它們各自的知識和原理並時時謹記。現在，我認為達到及格線的本質在於行動。

想要得到好看的結果，好看時間的優先級就必須得到保障。外貌這件事應該和其他所有事一樣，是你的熱情、認知、技巧、智慧，以及持續的行動和投入註定能獲得的結果。人人當然都想健康、好看，但這裏所說的優先級是將時間表嚴格地前置，你的身體機能和代謝機制不會自欺欺人，隨便說說成就不了持久的美貌。

時間表嚴格前置的真實意思是，當我安排好在今晚 8 時至 9 時健身，這一小時就成了幾乎不可能撼動的時間段。不可能撼動是指不讓你的朋友、戀人、家人、孩子或者臨時出現的工作隨意佔用或挪動這段時間。對它的堅定程度體現了你愛自己的程度，對屬自己的時間的重視程度，以及對生活節奏把控的程度。

比起這一小時的拖延或者取消會影響運動效果，更可怕的是，你內心會默認所謂好看時間的優先級，是可以被其他任何因素影響的。一旦閘門放開幾次，它就會因為一連串的擊潰，變得再也沒有標準。你的七門考試常年都不會再及格。於是，隨着優先級的消失，你的生命力和美貌也一起漸漸消失了。

始終是持續的優先級的甄選與落實，造就了每個人看上去的樣子。

內丹在煉

我正式啟動健身計劃是在 35 歲那年，計劃開始於 2013 年我的人生低谷，那時候女兒出生、身材變形、公司轉向、對未來混沌不清。當時我做了三個決定 —— 做一個中國文創品牌；開始連續健身；把健身計劃以圖文形式在互聯網平台上公佈，並和我的粉絲一起在線堅持 100 天。後來我把這些圖文內容整理出版，計劃和書名都叫《和瀟灑姐塑身 100 天》。

也許是因為具身認知和健身同時發生着作用，我的情緒和狀態乃至文創品牌從那時起都在發生正向變化（在這本書的第一章裏，我重點還原了整個過程中的公司發展部分）。那時候，雖然我還沒能學會用「五種時間」這樣結構化的簡潔方式管理時間；但我找到了讓健身成為習慣的方法，並讓習慣延續了下來。這要感謝每一個在互聯網上和我一起健身的人。

當時網上健身活動一直持續，到 2018 年，我分別發起過三種長度的健身計劃，21 天的「山洞計劃」、50 天的「好看小巔峰計劃」，還有「和瀟灑姐塑身 100 天」。最初都是參與者自行堅持，但隨着計劃天數的增長，完成率越來越低，最後「和瀟灑姐塑身 100 天」的自然完成率只有可憐的 2.7%。人人都知內丹好，只是堅持做不了。

這幾年最大的收穫是，我和團隊反覆觀察了線上健身人群的行動，也依據行為做了對照組試驗，研究在甚麼情況下，規律性運動可以有效內化成習性。也就是說，究竟使用甚麼方法可以幫助人的運動與身體達成長期的有效契約。

直到 2019 年初，我和團隊開始把方法依次加入線上小程序「趁早行動」的健身打卡計劃中，真正論證了這些方法的有效性。在「趁早行動」中，團隊一直在持續幫助用戶養成健身習慣，在一年多的時間中，通過對照組等運營方式對超過 30 期打卡學員進行了測試，通過加強幫助手段，100 天計劃的完成率從之前的 2.7% 飆升到 52%。2020 年初，在「和瀟灑姐塑身 100 天」進階版中完成率達到了前所未有的 74%。到現在，100 天的線上健身計劃參與者已超過 10 萬，也成為我創立的公司「趁早」旗下的一項長期業務。

從 2013 年起，通過健身變好看這件事——「和瀟灑姐塑身 100 天」成為一個雪球，一直滾動。

以下這套方法論專門適用於好看時間，是「和瀟灑姐塑身 100 天」中的必做選項，可以說它來自一場規模化的行為養成社會試驗。人性之中有懶和饞，人性也渴望健康與力量，人性是複雜的，需要引導和召喚。

當你正式啟動時間管理中的「好看時間」後，請盡可能幫助自己滿足以下 7 個條件，條件滿足得愈多，人群和個體成功概率愈大，堅持健身 100 天的成功率從此可抵達 52%-75%。

1. 正視起點

脫光立於鏡前，悉心觀察自己。你之前呈現給自己和愛人的，都是這具身體。在「趁早行動」的「和瀟灑姐塑身 100 天」計劃中，我們引導大家不僅要觀察，還要測量、記錄，忠實記錄量化結果是必做動作之一。

2. 確立目標

100 天後的目標可以是狀態描述，可以是身材指標，可以是過往照片；但必須用語言描述出來，也必須具體。最好敢於公佈或者分享目標，這樣有助於提高完成率。

3. 監督制度

在計劃進行過程中，團隊設立了監督制度，譬如有嚴格的截止時間（有效完成時間是每天晚上 12 時前）。這種監督制度有利於你在初期找到自己的節奏，從而養成習慣。

4. 遵循計劃

按照事先設計好的計劃內容訓練，譬如每天練習 15 分鐘 HIIT（高強度間歇訓練），根據 HIIT 的運動原理，100 天後會獲得肉眼可見的顯著結果。每天練習是執行的關鍵，這樣才可形成和身體的契約，把習性寫入身體。

5. 記錄對照

打卡記錄也非常有利於提升完成率，幫助人清晰認知自我管理的進程。第一次明顯對比大概出現在 20 天後，照片的差異會讓人獲得極大的驅動力。相信微小積累的力量，正反饋從此開始。

6. 找到同伴

線上社群同伴的見證、陪伴極大地有利於提升完成率。你會知道自己在努力的路上並不孤獨，考驗你的也正在考驗着別人。

7. 金錢獎勵

自從「和瀟灑姐塑身 100 天」計劃承諾全部打卡完成退還挑戰金以後，完成率就發生了質的飛躍。人性可愛之處，表現在怕失去健康與好看，但更怕失去金錢。

亞伯拉罕・林肯（Abraham Lincoln）説每個 40 歲以上的人都要對自己的臉負責；我的理解是，一旦過了 40 歲，外法如果沒有內丹來加固，就變得越來越不好用了。「內丹」就是用來鞏固靈魂的方式。

中國道家談「內丹」，説是以人的身體為鼎爐，修煉「精、氣、神」在體內結丹，強身健體在先，再長期修煉，才可「成仙」。我借用內丹來比喻好看時間需要做的核心功課，也剛好把「精、氣、神」對應到睡眠、飲食、運動，一個人形神兼備的好看至少是這三個因素綜合作用的結果。

當持久地修煉到一定程度，一個人的外形和面容就會逐漸脫穎而出，而脫穎而出到一定程度，就有希望接近神仙了。

神仙也是凡人做，只是凡人志不堅。

我的容光煥發清單

「好看時間」中最核心的是，一個人要弄清楚世界上究竟有多少件能讓自己容光煥發的事。把這些事用最短的時間找到、掌握並執行起來，讓它們綜合發揮作用，就會成為「五種時間」管理中的有效組成部分。好看時間並不是一定要特意花時間才能執行，只有隨時隨地都體現在日常的秩序中，才能實現長期主義的好看。

以下是我目前已經研究並掌握的高效容光煥發清單，你會發現其中很多項目再次對應着具身認知，很多日常的事情不是因為感覺好了才做，而是因為做了才會感覺好。每一次感覺自己蒼老又疲憊時，我會着重調整和執行下面一個或幾個操作。但成本最低的保養方式，是將這一切行為納入天然的習性當中，習性會讓人感到理應如此，無須費心費力堅持。

作息

如無必要不熬夜 —— 值得以深夜不睡作為代價的事物是極少的。如果這一條無法做到，那麼下面所有的條目就瞬間一起失效。

飲食

無條件吃早餐 —— 長期不吃早餐會導致脱髮，只為這一條也應該認真遵循這點。

多喝水 —— 保證整個身體的含水量，一個人的含水量是肉眼可以看出來的。

吃到不餓就停止 —— 吃飽不是以吃撐為標準，而是以吃到不餓為標準的。

短期調整飲食、調整狀態 —— 如果感到整個人昏昏沉沉，最簡易的方法就是少吃碳水類主食和糖；如果感到餓，可以用同體積的肉類和蔬菜替代碳水類主食，保持 7 天以上，然後觀察身體和外貌的變化。

姿態

不開心時就先鍛煉 —— 適度鍛煉百利而無一害，簡直包治百病。

無精打采時反而要挺胸 —— 具身認知的重要體現之一，就是刻意讓自己的姿態反過來影響感受，挺着挺着，人就振奮了起來。正如笑着笑着，人就真正開心了起來。

有意識地觀察下頜線 —— 下頜線的清晰度作為一個外顯的形象指標，可以同時幫助我們自查兩件事：是不是有着健康的皮下脂肪含量，是不是經常保持着健康的頸椎姿態。

物品

讓衣服精良和簡單起來 —— 最貴、最精緻、最大牌的應該是你本人，而不是衣服。選擇衣服是為了匹配和襯托你，衣服應該很榮幸被你選中和穿上。

追求好看不分人前、人後 —— 和自己喜歡的物品在一起，讓好看的自己被好看的環境包圍，獨處家中也好看，無人看時也好看。

集中研究和購買 —— 安排專門時間全情投入研究和購買物品，在辦公時間內專心致志，買衣服也一樣。吃茶時吃茶，唸經時唸經。

正向生活

多和誇你的人在一起，因為被誇會變好看 —— 而且愛就要誇，誇才是愛。先大口吸納積極的肯定，再繼續樂觀、謙遜地生活。

選擇忽略負面訊息 —— 不主動圍觀和參與網絡罵戰，人與人天然不同，區別有如物種間那麼多、那麼大，與其奢望隔空理解，罵來罵去變難看，不如節省時間建設生活。

追求心流時間 —— 關於心流時間及其好處，詳見第六章。心流時間本身就可以是好看時間，人在心流之中面目舒展，時間凝滯，同時被所有積極情緒潤澤。一天 1 小時心流時間，一年可由內而外保養 365 小時，心流是內丹中的內丹。

外法

這部分不再繼續展開，否則內容就偏得太遠。

外法涉及很多醫學原理，確實需要花時間來學習和了解，學習過程也和修習理工科入門概念沒有區別。如果想改善皮膚，需要在通讀結構知識的基礎上，掌握各種製劑和儀器對皮膚的真正作用；如果想改善身材外形，需要了解一些解剖學知識，弄清楚到底是身體的骨骼、肌肉還是脂肪層有調整的空間。如果將最根本的外法彙總成一句，那就是：務必常年堅持防曬。

任何人都有改變自己既有外形的權利，化妝、健身、醫美都是改變外形的正當手段。凡是不可逆的醫美操作，都更應該詳細收集訊息，和醫生充分溝通，並承擔結果。

最後要始終相信，持續和秩序中若沒有內丹，外法都依然是皮毛而已。

雖然這本書裏把好看時間作為第三種時間介紹，但隨着年齡增長，你會給它時間表裏最合理的位置。因為無論一生在追求甚麼，身體都是你的起點和歸宿，也是有生之年靈魂居住的真正房子。

待你把「五種時間」都掌握了解後，有一天你再走入一棟昂貴華麗的樓宇，看到一個皮膚暗沉、身體走形的主人，你就會知道，他買錯了真正的房子，也弄錯了人生的秩序。

“The time you enjoy wasting is not wasted.”

by John Winston Lennon

“所有你樂於揮霍的時間都不能算作浪費。”

約翰．溫斯頓．連儂

05

好玩時間：收集世界

熱烈歡迎你來到渴望已久的好玩時間。

每個人的好玩時間都是經由無聊時間變成的，因為無聊才是人生中的一種必然，而好玩並不是一種必然。也並不是只有精神窮困或者懶散怠惰的人，才會經常感到無聊；每個人都會，因此每個人都需要好玩時間。

在好玩時間中，我們接受自己是人，允許自己有意志薄弱的時間。愈是經歷過長途跋涉的人，愈珍惜眼下的休憩時刻。拖延和放空既不是錯誤，也不是時間管理規劃中的一個故障，而是存在固有邏輯的一個部分。在好玩時間中，我們既可以沒有具體的目標，也可以沒有未完成的計劃，只心安理得地尋求放鬆和娛樂本身。

想要構建堅韌、豐富、飽滿的自我結構，好玩時間是重要的材料，它專門負責其中的「豐富」部分。

甚麼是好玩時間？

當突然面對一段可支配的空閒時間時，絕大多數人會選擇做讓自己舒適又不無聊的事情。

但需要意識到好玩時間首先是由無聊時間變成的，由於無聊是一種讓人難以忍受的低興奮狀態，人們會希望自己能有做點甚麼的慾望，能從甚麼地方為自己找到樂趣，而不是呆坐在那裏。

我自己絕大多數時候開始閱讀，都不是因為渴望變淵博，更不是因為自律和勤奮。很簡單，就是因為無聊才尋找意思，書是陌生人寫的，寫的又是陌生領域的未知之事，整個體驗和找一部美劇來看相似。如果這本書、這部劇真的看進去了，那麼好玩出現，無聊被覆蓋。我在看書、看劇的這段時間裏就獲得了好玩的滿足。

但是，很多時候這些滿足未必真的能夠獲得，很可能看了一小時後發現索然無味。即使是別人高分推薦的內容，也依然不能引發我的興趣；於是我蓋上書或棄劇，那麼這一小時裏我為自己找樂趣的努力失敗了。好玩時間度過了，但我沒獲得確定的好玩的感覺。因此，這個時間分類方法和屬性與賺錢時間一樣，好玩時間是主動選擇投入用以獲得樂趣的時間。但是很顯然，如同投入賺錢時間並不一定能夠賺到錢，投入了好玩時間也不代表一定收穫快樂。生活就是這樣，痛苦或者無聊的出現總是比快樂確定得多。

關於好玩時間的定義有個重點 —— 這段時間是我們主動選擇的。我們有充分的自由意志選擇讓這段時間存在，包括這段時間存在的長短和頻率。成長於應試教育的環境總會給我們一種錯覺，就是如果人沒有建樹，就不配玩，玩與等比例的努力適配。人出生後天然就愛玩，也應該玩，就像小貓愛追逐尾巴。絕大多數人追求的自由生活的一個理想圖景，都包括隨時隨地隨心玩，長久地玩下去。

也許是為緩解勞累或者獎勵努力，無論出於甚麼動機，我們都可以按自己的意願選擇好玩時間。至於和其他幾種時間怎麼分配，既需要考量我們的長期願望，也需要兼顧我們的短期感受。舒適總要付出代價，想要進步當然也要適當犧牲舒適，沒有甚麼是不需要付出代價的。

如果說好玩時間有長期的價值，它也並不在好玩時間之內發生。其實從獲得樂趣出發做的嘗試，能夠把我們引上很多意想不到的道路。很多人都是在一段百無聊賴的時間裏無意中邁入了一扇門，發現了未來的道路、終生的愛好，甚至是人生伴侶。足夠長的好玩時間為這些可能性提供了一個足夠大的池子，讓體驗和選擇呈現多樣化。

每個人選擇的好玩時間內的具體項目會區別很大。同樣的活動（如釣魚、聽歌劇），對一個人來說是確定的享受，對另外一個人卻是折磨。「五種時間」的重要功能，是幫我們清晰地覺知自己所處的時間屬性，以獲得自洽和心安理得的自如感。好玩時間的當下覺知功能同樣十分必要，當你的朋友邀請你一起唱卡拉 OK 時，你會知道，你未必在這段將發生的好玩時間中獲得和你的朋友相同分量的娛樂；甚至對於你，唱卡拉 OK 其實根本談不上娛樂，你只是為了克服無聊而加入了他們。

有的人會精細計算自己的可用時間範圍，然後把絕大多數可用時間長久投入一個愛好，即使這個愛好只讓他自己快樂，不產生名利，也並不被別人理解。有的人會投入好玩時間去體驗世界的多樣化，去吃東西、看電影、旅行，用好玩時間兑換不確定性帶來的驚喜。他知道驚喜並不會一直出現，只有肯走出去拿時間換才會偶爾出現，而不期而遇的快樂是其他時間裏無法獲得的。這兩種人在做過追悼會策劃表之後，知道一生中時間和空間的局限，會很介意是否能用有限的時間把局限的邊界向外推一推，推到對此生而言足夠大的地方。

我就是這樣安排自己的好玩時間，實際上人到中年，每次還能遇到感興趣的事物時都會對世界產生感激，這樣想着：「天啊！可太好了，我又遇到了一個東西、一件事、一個人，還能帶給我少年般的好奇心。」好奇心誘發生命力，好玩時間與好看時間是有生之年中好奇心和生命力的延續。在我目前的「五種時間」優先級中，好玩時間是繼好看時間之後的第二順位。

愈到中年，在「五種時間」的優先級上，好玩時間愈會前置排列，你漸漸允許自己的愛好非常自我，不被他人理解，也允許自己拿時間換不確定的驚喜。愈把好玩時間前置，體驗愈豐富，也愈覺得之前的生存時間和賺錢時間有了價值，好看時間有了用武之地，生命沒虛度。愈到中年，也才愈會理解好玩時間之所以佔着人生所有無聊和無用的時間，是因為在其中，有着比好玩更深刻的意義。

掙脫訊息流

好玩時間意味着，我們可以主動安排一段時間，不為收入，不為健康，不為人生意義，也不為追悼會策劃表上的那些生平，單純為自己能高興而設置。本來「千金難買我高興」，快樂來的時候你自然知道它是快樂，當你真的計較它的收入和意義的時候，它反而不再是快樂了。快樂到隨它去和不計較的程度，簡直就是幸福。

至於這種快樂到底是浮淺的還是深刻的，到底能夠帶給我們甚麼樣的具體感受，其實和我們是否被事物吸引一樣，自己是不能控制的。但是為了不期而遇的驚喜、好奇心和人生體驗的豐富程度，我們決定有意識地擁抱它，直接表現為我們在時間軸上給它留出時間；因為如果不計劃好玩時間，驚喜就不會來。

好玩時間和其他時間的區別，正是第一章裏提到的願望清單中的大概率快樂的統計結果 —— 在屬自己的時間面前，你永遠有選擇。

當你終於擁有一段空閒時光，同時擁有一個手機時，手機的界面就好像在向你瘋狂發問：你想找點好玩的東西嗎？

於是，你開始在手機上滑動手指。

我很想説「五種時間」體系對所有時間的選擇一視同仁，因為一個人如何度過他的空閒時間是自由的；但有一種情況很容易讓你誤以為這樣做是你自己的選擇：由於你在一天中的其他時間被他律佔用，你太想為所欲為地度過終於屬自己的時間了，於是你開始報復性地揮霍時間、享受無所事事，以對抗白天的目標和紀律。

一個典型的表現就是，你讓自己疲憊的身體癱倒在柔軟的梳化或者床上；然後，開始在手機上滑動手指，心想：「我要為所欲為地滑手機！現在的時間終於屬我了！世界這麼廣闊，讓好玩的東西都放馬過來吧！」

智能時代中產生的訊息流對人腦的干擾，對時間的可怕搶奪就開始在這一刻。

你的願望很簡單，希望屏幕上能出現一個吸引你的事物，可能你滑了一會兒，這個事物卻遲遲沒有出現。比遲遲沒有出現更可怕的是，吸引你的事物出現了！你看了 1 分鐘並且笑出了聲，感受到一些小快樂，隨後吸引消失了，於是手指繼續滑動 1 小時，等待下一個吸引你的事物出現，以求再次收穫那個被吸引的瞬間，因為疲憊的你很想再次笑出聲。在滑動的間歇裏你想着：「白天真是太難了，我希望我一生都能像現在這樣躺着，拿着手機，為所欲為。」

假設只要成功按下一個按鈕，小白鼠就可能得到一個食物球，那麼小白鼠會徹夜按那個按鈕，即使食物球沒有出現，牠也不會停止，因為牠永遠帶着下一次會出現食物球的希冀和幻想。畢竟提供給小白鼠的按鈕是人類精心設計的，小白鼠只要按下這個讓其無法抗拒的按鈕，就無法與之抗衡了。

然而，小白鼠在食物球出現的時候分泌多巴胺和你在笑出聲那一刻分泌多巴胺一模一樣。綁架小白鼠的多巴胺也順利地綁架了你，你進入了「多巴胺循環」，自願對此上癮，並建立了根深蒂固的消遣方式。多巴胺在你的大腦細胞之間傳遞着訊息，讓你生出渴望和慾望，期待繼續出現有趣的內容。

此時此刻，身穿白大褂的研究者正在俯身觀察着不停按按鈕的小白鼠，記錄牠們按動的頻率和熱情，計算着多巴胺的劑量；而與此同時，交互界面的滑動和觀看數據被集成到一個遠處的模型之上，在那裏有一些和「白大褂」類似的人，他們正在冷靜地觀察和分析你。而你還在連續不斷地滑動手機，就像實驗室裏的小白鼠，就像賭場裏不停拉動老虎機的人，希望下一次會贏。

設計交互的人再一次成功實施了計劃，他們很厲害，可以做到讓人不停地翻頁，試圖找到甚麼東西，但人們找到之後也只會稍作停留，他們的設計讓這種體驗根本沒有盡頭。你認為自己在積極耐心地等待「好玩」出現點亮你的百無聊賴時間；但結果剛好相反，你把自己可支配的空閒時間用無聊又填充了一遍。在寶貴的空閒時間面前，你拱手出讓自己的選擇，問題是，這種選擇甚至連無聊都沒有覆蓋。

這就是「注意力經濟」正在做的事，他們研究你的無聊程度，刺激你多巴胺分泌的節奏，在本來可支配的時間軸上，讓你的時間不是被這個佔據，就是被那個佔據。時間本來歸屬於你的生命，但此時被免費出讓了，連同你的精力、個性、自由和所有機會成本，它們都作為代價支付給了這些蠶食時間的交互界面。當你躺下慵懶地滑動手機時，你認為界面是讓自己盡情娛樂的工具；而實際上，你的生命卻在被這些工具盡情使用，連同那些你貢獻的使用時長和點擊量。這麼看，你更像是它們勤奮的無薪員工。

而你原本以為，是自己主宰了自由的時間，可以做到有控制地失控。

「五種時間」體系下的時間管理觀點認為，人有自由也有必要為自己安排好玩時間，甚至在明知被多巴胺綁架的情況下，預先給出這一小時，讓自己被綁架得明明白白。漫無目的地玩遊戲、滑手機並不是一無是處，它們對你而言可能就像哭，對我而言一樣重要。哭不能解決一切，但是哭能釋放我的壓力。

包括在這本書的創作期間，我使用了強有力的控制方法才保證了進度。只要開始寫作，我就預先把手機放到遠離書房的位置上；因為但凡手機還在手邊，我的手就一定會不由自主地伸向它，當我意識到的時候，發現自己的手指頭已經在滑動屏幕了！我決定，與其被那幫設計手機交互的人用多巴胺綁架，不如先用特定的事情綁架自己。在有限的時間裏，後者可能還會被納入我的長期主義循環增強曲線，更重要的是，後者似乎保住了我作為人的自由意志。

當然，在我完成 3-4 小時的連續寫作之後，我會以勝利者的姿態坦然地拿起手機，大肆地滑起來，感到這一切亂看都是我應得的。這時我還淡淡地看了一下時間，決定再高傲地滑上半個小時。順利克服困難完成大型任務也會刺激大腦分泌多巴胺，這撥多巴胺的劑量足以淹沒滑手機帶來的劑量。於是真正鬆弛的我選擇為自己安排好玩時間，欣然在手機上滑來滑去，感受到自己對生命深深的主宰。

處理失望

除此之外，好玩時間帶給我們的重要時間管理能力之一，叫作處理失望。

很可能有一週我很忙，忙到整整一週裏只有一個下午的空閒時間。我本來的計劃是在家閱讀和看電影，但收到了一個聚會邀請，剛好是在那個下午。邀請者説聚會內容豐富，來的人又有趣，大家可以互相認識，於是我欣然前往。

我為何前往呢？因為對聚會有好奇心，有對未知事物的期待。很顯然，參加聚會和在家閱讀一樣，對我來説都屬好玩時間，是為了獲得有趣的體驗而主動投入的時間。參加聚會的結果不外乎兩種。第一種，聚會內容真的豐富，來的人也可愛，聊的天多樣又開闊思維，我笑了很多次，竟然還獲得了幾個顆粒式啟發，記在我的小本子上。但未知聚會的結果當然還會有第二種，到場 10 分鐘我就會想「還不如不來在家歇着看書呢」。當這個聚會上的話題與人物和我想像的南轅北轍，我就會後悔自己的決定，甚至還會遷怒於不明白狀況的邀請者。

當情緒出現時，來自「五種時間」的另一個我會輕拍我的肩膀問：「嗨，這段好玩時間是不是不夠好玩？」

對呀！這就是好玩時間，當你還懷有好奇心，想走出去、想參與、想體驗的時候為此付出的時間。當我決定投入時間的時候，就要知道，可能會收穫「好玩」，當然也可能收穫「不好玩」。但我也會知道是甚麼人、甚麼事、緣何不好玩，這些是我未來重新做出選擇的依據。我更會知道，只要我還保持有好奇心，還期待來自這個世界的啟發和點亮，我就會永遠渴望走出去被打動。在世界展現給我的這個巨大的交互界面上，我和小白鼠一樣，願意投入一段段時間，一次次地按下按鈕，看世界還有沒有驚喜給我。每當我遇到新的驚喜，就又一次信任了我的好玩時間，好玩時間需要代價，需要冒險，也需要承受失望，下一個驚喜才會出現。

比好玩時間內沒有收穫更令人失望的，是我們的好奇心已經無法被激發，不敢或者不屑於按下按鈕了。當我們對還沒有親身嘗試的事物說「就那麼回事」和「不過如此」的時候，我們就失去了好玩時間，好奇心也隨之失去了。那個時候，真正的厭倦、乏味和無聊就會席捲我們內心，我們大概就真的老了。歲月使你皮膚起皺，但有一天你若失去了熱忱，蒼老就損傷了你的靈魂。

因此，那天在聚會後的失望中回到家的我，依然會在未來源源不斷地為自己安排好玩時間。我可以翻開新的書、看新的電影、遇見新的人，感受失望或驚喜，但不會停止在世界給我的巨大界面上滑動我的手指。

獲得哲學性無聊

我常常想，一個人的結構，會生長於兩種時刻，一種是人生中的艱難時刻，因為要解決問題，就要弄清楚面對的是甚麼；另一種就是無聊的時刻。如果沒有那些漫長的空虛，應該連這本書都不會出現。

人必須接受和允許自己無聊，接受和允許就連時間管理中劃分出的好玩時間，也有可能是無聊的。

在人生的早期，我曾經無數次對自己感到厭倦，以至於真切感到了恐懼。這種感受可能出現在任何時候，包括得不到的時候，得到的時候，不知想得到甚麼的時候，以及中間反反覆覆的確認和提問之中。現在回憶起來，都是各種無聊串起了痛苦的人生低谷。這就完全對應了哲學家阿圖・叔本華（Arthur Schopenhauer）「人生如同鐘擺」這個絕妙的形容，同時也對應了桑・保羅・沙特（Jean-Paul Sartre）觀點的闡述 —— 淡漠性倦怠等同於認可人類生活本就是荒謬的。哪怕我已經領會到人生進展可以循環增強，或者說成長需要足夠長的時間，但還會感到時間像連綿不絕的曠野一樣，等待遙遙無期，空虛這時會再次襲來。

我想說的是，了解到這些之後，就可以有意地安排時間並感受它的無聊，無聊會讓人痛苦，而痛苦之後人一定會思考。

正是無聊所帶來的持續性痛苦，使它具備了啟發思考的潛力。人會通過創造性的方式尋找快樂，應對舊的狀況。無聊是行動的催化劑，會刺激我們改善、提升、探索，裝修房子、培養新愛好或者找一份新工作。無聊會讓我們找到隨便甚麼慾望去填滿空白，讓我們在各種嘗試中輾轉，卻無法滿足任何一個慾望。這些都會發生，最終讓人有能力區分出熱鬧和豐富。

當好玩時間的功能到達這裏，你可能會體味到一種相當高級的安靜的快樂，因為這根本就是一種思想活動。在這種時間之中，你會像偉大的哲學家一樣，明白這是一個機會，一個頓悟的時刻，而剩下的要由你決定。你可以思考、反省，最重要的是享受你的無聊，因為無聊時你沒有別的東西可以享受。無聊是人生向我們發出的信號，但只有我們自己才能提供解決方案。無聊應該是一段生活的序幕，而不是尾聲。

收集世界，直到讓你的價值觀下起大雨

隨着人生階段的變化，可玩的選項也在不停地變幻。

早在手機時代之前，高中時代的我沉迷過至少兩件事。暑假後我上了高三，在根據科目學習情況思考如何報考大學志願的那段時間裏，我意識到真實人生裏的一切和遊戲中一樣，

我需要不停地練習、做任務，並在關鍵時刻做選擇。這個世界就是為我準備好的遊戲，沉浸其中把它玩透，做好高考這個大任務，是我當時的最好選擇。而之後還有一系列的選擇，會像在遊戲裏決定美少女長成畫家那樣，決定我最終會成為甚麼。

如果這樣看，真實生活的刺激、好玩應該遠遠超越遊戲，因為全程獎懲始終懸而未決，且只有一條命。難點在於，需要花上大力氣研究清楚這個遊戲複雜變幻的規則設定。按照今天我理解的多巴胺電化學信號原理，既然遊戲中設計的定期定量刺激，會讓人分泌多巴胺並上癮堅持玩下去；那麼真實人生中，我如果能找到某條路徑，發現規律，讓其中存在的獎勵設定刺激我的多巴胺分泌，我也可以作為這個遊戲裏的小白鼠一直不知疲倦地玩下去。

接下來我需要做的，就是拼命尋找適合我的這條充滿獎勵的路徑。那麼多行業、玩法和愛好，都有人興致勃勃追逐，如醉如癡，説明萬般都好玩，萬般都是遊戲。每一次我轉換行業，也都是向着好玩時間出發，都是踏上了尋找獎勵路徑之旅，為了找到它，我可以允許自己失望 100 次。

在尋找途中，大學期間我還見到更多的玩法。校園裏的理科學生為了考試規律地早晚自習，步履安靜而匆忙；隔壁的文科學生為了創作徹夜喝酒，還會彈琴唱歌、高聲吟誦。有天早晨，我在樓梯裏扶起一個宿醉的女生，她說：「就是要過如酒般的人生，或許有利，或許有害，但我的體驗遠超利害，我的作品就是要讓你們的價值觀下起大雨，你們這些人不好玩，你們不懂。」

當時我想，真棒，價值觀可以下起大雨。再後來我才知道，酗酒也是由於多巴胺的分泌和上癮，與其說酒精催生了多巴胺，不如說在多巴胺的環繞中，人會更愛自己的作品。人類的大腦機制本身就需要事物去循環刺激多巴胺分泌，不是對這個上癮，就是對那個上癮。

下一次你擁有一段空閒時間可以自由支配時，你會知道，你正站在一段好玩時間面前，而大腦中的多巴胺正在蠢蠢欲動。你要做的是選擇接下來讓它因甚麼刺激而分泌，是手機、遊戲、一段冒險，還是踏上一段人生獎勵路徑的尋找之旅。

從體驗清單到創造清單

2014 年，在我創立文創品牌的第二年，我和團隊設計了一個本子叫作「遺願清單」，裏面有一系列的引導內容，協助使用者填寫終其一生要完成的所有事情。遺願清單在全球各種社交網站上都是一個著名的 tag（標籤），並含有上萬個條目，像一個多巴胺巔峰大全，彙總着地球上的人類在有生之年能夠到達的最宏偉瑰麗的地方，能體驗到的最刺激、最觸發情感、最刻骨銘心的極致的事情。

遺願清單本身就是好玩時間的超級集合，如果你也認為此生一個很重要的意義是探索可能性的邊界，達到體驗最大化，那像這樣的遺願清單就值得列一個。當手中有了一個還沒玩過的地方的列表，假期和空閒時間就很容易被填滿。我和大家一樣，在清單中首先寫上了我想像中所有能發生在浪漫遠方的公認美景體驗，包括看火山、看日落、看金字塔、跳傘、觀鯨、遊少女峰、塞納河、泰姬陵。然後我開始一個一個地爭取到達和拍照，認為這是好玩時間裏重要的事情。

但是，2015 年初，在一次跳傘之後，我意識到一件事，從此更新了自己的遺願清單。那次跳傘前後發生的事，大幅度地影響了我對有限人生裏「好玩」的定義，未來我一定會寫下這個故事。就現在討論的遺願清單而言，如果你正在或者已經起草，我強烈建議你把它分成兩個不同的部分，一個部分叫作「體驗清單」，而另一個部分叫作「創造清單」。

體驗清單

所有還沒有去過的遠方，沒有嘗過的東西，沒有見過的風景，都是「體驗清單」之中的，代表熱鬧的多樣性。它們的特徵是只要你在地理上到達了那裏，這些打鈎就基本都能實現。譬如身在南極就大概率會看見企鵝；身在冬季的北歐就大概率能看見極光。甚至跳傘和乘坐熱氣球也是一樣，只要你讓自己出現在那裏，經過專業人士的操作和帶領，這些你就都能完成。總之「體驗清單」在於肉體前往和眼睛看見，只要能滿足時間和差旅的條件，你就可以從現在開始計劃所有可完成的體驗。

▶ 創造清單

而「創造清單」上的東西則不同，它們需要你把目標績效化和量化，再努力爭取才能夠打鈎完成。對人生邊界的探索，對體驗的密度和深度的追求，是靠「創造清單」來實現的。「創造清單」上的事項包括跑完一場馬拉松、讀完一個學位、考取潛水證、學會單板滑雪、寫完並出版一本書、見證自己練出「馬甲線」、用英文演講、開辦一個公司等等。等你實現以後，你才會發現，你體驗到的根本不只是這場馬拉松，也不只是那張潛水證。

「體驗清單」是顆粒的，而「創造清單」是線性的；如果你想讓好奇心獲得持續滿足，就需要打開門讓自己進入那些線性旅程。會有不可預期的收穫出現，是因為在線性旅程中有某種機制會推動着你前行，這機制逼着你到達一個新的高度，新高度上的世界當然會有確切的不同。創造比體驗更好玩，玩起來更投入、更持久、更欲罷不能。

遺願清單就像一個為自己編纂好的「好玩時間」最高版本，供抽離此地此身時使用。如果日常生活太緊張或者太乏味，而空閒又太來之不易，人應該去做積攢了很久、最想玩的事情。在極致的好玩時間裏，你應該讓自己處在永遠都不知道下一秒會愛上甚麼的期待中。

而遺願清單執行到現在，對比了「體驗清單」和「創造清單」給我帶來的生活，我認為「創造清單」一定是「體驗清單」的進階版，而創造是更深刻的體驗。實現好玩時間的能力根本上也不在於到達目的地和購買機票的能力，而是一種精神能力——去玩的永恆好奇心和永遠玩下去的生命力。

生命不好玩，還有甚麼意思呢？

“We create ourselves by how we invest this energy.”

by Mihaly Csikszentmihalyi

“我們通過如何使用這種能量來創造自己。”

奇克森特米哈伊・米哈伊

06

心流時間：奉若神明

「五種時間」真正的核心，在於本章與第七章，因為從此你需要對應用注意力的習慣做一個極致而永久的調整。

甚麼是心流時間？

這章會討論不可知論[註3]者涉及的領域，我們會努力理解其中的已知部分，首先需要從科學角度理解當一些現象發現在我們身上時，到底是怎麼一回事。更重要的是，通過訓練使自己有方法、有能力讓一些最優體驗重複發生。

如果一個人能隨心所欲地進入心流，而不受外界條件限制，他就已然掌握了改變生活品質的鑰匙。要相信世界上有無限接近這種狀態的人，真正智慧的人也不會放棄成為這種人的可能性，因為這是人類可知的當下體驗最好、創造效率最高的極致狀態。可以說，心流狀態就是人們追求的幸福本身。

心流時間，就是我們為獲得心流體驗而選擇付出的時間。按前面四種時間的邏輯，這已經很好理解，這裏面的難點是，心流到底是一種甚麼樣的體驗。

註3：不可知論（Agnosticism）或稱為不可知主義，是一種哲學觀點，由英國托馬斯．亨利．赫胥黎（Thomas Henry Huxley）創造。這理論認為形而上學的一些問題，例如是否有來世、鬼神、天主是否存在等，是不為人知或根本無法知道的想法或理論。

奇克森特米哈伊．米哈伊（Mihaly Csikszentmihalyi）是第一個用心流為這種人類心理現象命名，並用科學方法對這個概念展開深入研究的人。

米哈伊教授最初的研究出發點是——為甚麼很多人明明過上了富足的生活但還是不快樂？同時他試圖從另一端進入展開這個研究，那就是，人們都是在甚麼情況下會感到無比快樂甚至幸福，人們又是如何獲得和評價這樣的快樂和幸福的？

這一章中，米哈伊教授的研究結果是我們對心流時間乃至「五種時間」的重要認知基礎，這個認知也同時作為前面幾章的解釋——當生存時間這麼痛苦，我們應該逾越到哪裏去？賺錢時間的終極目標在哪裏？以及，從好玩時間一直向下追尋，到底甚麼是好玩的盡頭？這一章是所有章節的去向和解釋。

就個人而言，我對心流體驗深信不疑，因為絕大多數時候我的寫作都是在心流中完成的，最好的決策都是在心流中做出的，最幸福的時刻也都是在心流中抵達的。在還不知道世界上有「心流」這個名詞之前，我自己用「上身」這個詞來形容那種特別的感受。彷彿有一個更厲害的我自己或是甚麼力量，它能夠在長時間的沉浸中降臨到我的身上，擋開外面的事物和聲音，讓我置身於一個奇特的罩子中；它還會調動我的大腦和雙手，讓我理解原來無法理解的問題，獲得靈感進行新的創造。在那種狀態中，除了感覺不到時間的流逝，我的身體也會變得輕盈、漂浮着，就像周圍有水流托舉着我向前奔湧。

據説米哈伊教授之所以給這種感受命名為“Mental flow”，就是因為描述者都描述了一種奔湧和洪流的狀態。

研究過程中，米哈伊教授觀察調研運動員、藝術家、國際象棋手等不同人群，這些人所描述的最幸福的時光都是他們全身心投入某件事的心理狀態，感受也頗為相似。他本人這樣描述心流的體驗和定義：

你感覺自己完完全全在為這件事情本身而努力，就連自身也都因此顯得很遙遠。時光飛逝。你覺得自己的每一個動作、想法都如行雲流水一般發生、發展。你覺得自己全神貫注，所有的能力被發揮到極致。

心流是一個人對某項有挑戰性、有難度的活動完全投入的狀態。這項活動可能是音樂、哲學、網球……但它一定是你所擅長的，並且你想持續挑戰更高的難度來證明自己的能力。那麼從這個意義上來講，心流是個體成長的動力；它也是一個家庭、一個社會發展的動力，家庭或國家向它的成員或人民提供參與建設性活動的機會，從而讓他們擁有心流。

在《心流》這本著作中，米哈伊提出的主要觀點非常具有積極心理學的代表性，他的研究給了很多社會問題一個共同的解決方案，而這些方案最簡易的應用也正可以從個人開始。心流時間是「五種時間」中最重要的終極的時間種類規劃，我來選取幾個對個人最具有直接指導意義的觀點：

1. 全力投入本身就是收穫

這個觀點終於可以解釋成長中一個令人長期困惑的説辭：「過程比結果更重要。」每當面臨考試和比賽，或結果不盡人意的時候，人們就會獲得這句可疑的安慰。結果怎麼可能不重要呢？既然結果不重要，又何必參加考試和比賽？在《心流》的邏輯上，我們明白只有在一種情況下，過程本身就既重要又幸福，那就是在準備過程中全身心投入，結果由這個過程決定。當全力走完過程，結構飽滿且問心無愧，已經做完「盡人事」的部分，結果如何此時已不由人控制了。不是結果不重要，而是全身心投入的人能以最坦然的心態接受任何結果。而我們更清楚的是，任何技能的深入和進階也都在整個既興奮又充實的過程中完成，結果將自然呈現。而經歷心流過程之後的結果，也必然是個超越以往的自己的結果，不論絕對的輸贏。

沒有心流，人需要通過追逐成功來追逐幸福；有了心流，人可以時時刻刻追求幸福。

2. 心流的產生基於個人能力與挑戰難度的匹配

簡單地説，向上挑戰的時候心流才會產生，爭取進階的時候心流才會產生。這之中隱含兩個條件，第一個是了解自己的實際能力，第二個是將要投入的事情是一個可實現的挑戰。不得不説，這個難度階梯的設置和跨越是其中的關鍵。心流的感覺會發生在具備強烈動機，高度集中以及處於極限能力邊緣的人身上，當這些條件同時滿足，創造力就超越以往的維度，施展魔法。太簡單則無聊，太難則焦慮，就似乎走向了「五種時間」中的其他時間。而對照在第二章生存時間中對運動員密碼的分析，第一項就是運動員對自己深刻和全面的了解，這就和米哈伊教授調研的運動員出現心流現象的條件不謀而合。而運動員的生存時間和心流時間交互發生的現場，正是我們下一章的重要內容。

在《心流》的描述中，縱軸是挑戰，橫軸是技巧，是否能進入心流通道，靠的是個人能力水平和接受的任務難度之間的微妙配比。

以學習網球為例，如果是一個初學者，不懂任何技巧，他唯一的挑戰就是把球打過網，這時他的狀態就是 A1，他很可能會感受到心流，但是時間不會太久。

經過練習，他的技巧進步了，如果面臨同樣的挑戰，他的狀

《心流》中的心流通道示意圖

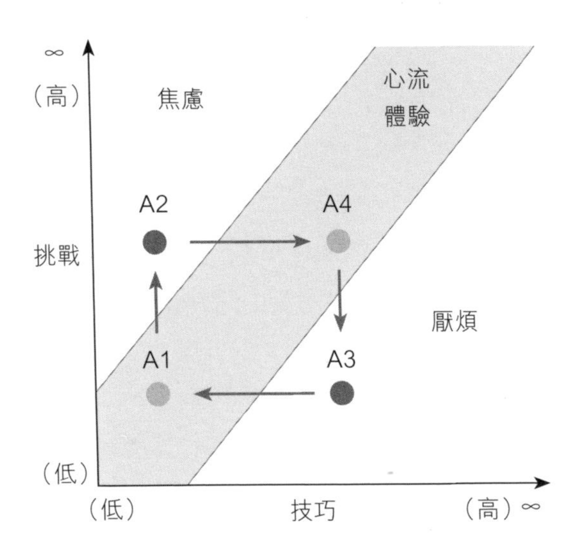

態變成了 A3，他會感到無聊和厭煩；或者他對戰了一個專業對手，發現原來還有很多應付不了的挑戰，這時他進入 A2 狀態，他感受到的是焦慮。

那麼關於如何進入心流通道，答案變得清晰：如果感到無聊，就提升挑戰；如果感到焦慮，就提升技巧。

3. 從失序重歸有序，用行為實現熵減

這是一個用自然科學解釋甚至解決社會科學問題的典型應用。

熵（Entropy）是一個物理學概念，在熱力學第二定律中用來描述和度量一個體系的混亂程度。熱力學第二定律說，在一個封閉孤立的系統裏，一切自發的物理過程，都是熵增的過程，也就是從有序走向無序的過程。可以簡單理解為，一切存在的人與事，包括星球與宇宙，自發生長的話都是越來越亂，熵增是系統的必然趨向。從45億年前地球的熱湯裏誕生第一個有機體開始，這種對抗熵增的戰爭就已打響。

在《心流》這本著作中，米哈伊教授就是基於這個概念，創造了「精神熵」的概念，用來描述和度量精神體系內的結構受到訊息的威脅而產生的混亂程度。他認為無論在物理世界還是在精神世界中，混亂是一種常態，一切本來就是無序的，如果甚麼也不做，就只會更亂。而精神熵的反面就是有序的意識，米哈伊把這種有序的意識稱為「最優體驗」，也就是心流，心流是精神世界的熵減，讓人從混亂的狀態重新歸於有序。在最優體驗裏，意識能夠重新形成良性循環，讓人集中注意力，提升工作效率，同時降低對外界干擾事物的感知，屏蔽令人煩亂的事情，這是人最接近幸福的時刻。

如果說人在成長中真的能找到簡單法則，那對抗人生複雜性的普遍法則就是心流；因為人在長大的過程中複雜性日益增強，如果不採取行動，熵增就是必然的。

能找到事物讓自己高度沉浸，就是為生活建立秩序，就是熵減的操作。不能集中注意力的人如果不重建秩序，不增加掌控感、篤定感、期待感，一切就會越來越亂。

奉若神明

在有關心流概念的著作中，還有另外一本重要的書《盜火》（*Stealing Fire*）。《盜火》用了大量腦神經科學研究結論來解釋心流現象，相較於《心流》內容更加垂直和晦澀，但這本書對於我們重建注意力有一個直接啟發。我們可以認為，我們的身體中還有另一個自己，這個自己可以做到人神合一。也就是說，動畫片中一個普通人變身為超能力者的故事，是可以真實存在的。

古人似乎早就知道這件事，也知道心流的存在，只是他們的描述和解讀不一樣。當古人把高度的專注力和強烈動機結合在一起，完成了不可能的任務時，他們驚奇地發現，天已經黑了，或是天已經亮了，便以為是神蹟。日積月累，古人將這些體驗匯成一種能夠決定生命內涵的掌控感，歸納於武功或宗教，這樣似乎超越了無力的凡人世界，或擁有靈魂出竅的能力，可以在另一個維度做夢與創造，從而實現人神合一。

「盜火」是一個比喻，傳説中普羅米修斯（Prometheus）為人類盜取火種，受到了神的懲罰，因為他從神那裏盜取了凡人不應該擁有的能力。但是新的普羅米修斯們在逐漸掌握「出神」（《盜火》一書用來描述心流的另一個詞匯）技術，如同獲取了神的力量，極大超越了凡人的思考和創造。或者説，這個世界已經真的存在凡人在短時間內即可變身「超人」的奇蹟，而奇蹟背後有着可以用科學解釋的原理。也就是説，理論上，當我們了解原理，也掌握操作規則時，我們也可以「變身」，一次次地重現這個奇蹟。

心流是在不同尋常的狀態中產生的大量神經化學物質的變化，使得我們能夠以更大的精確度、更快的計算速度來感知和處理訊息。就像一種大腦訊息科技驟然升級。我盡量用最容易理解的語言提煉一下《盜火》描述的心流激發過程。

1. 大腦首先分泌多巴胺和去甲腎上腺素，它們的作用是助你集中注意力，提升認知敏感度。與此同時，它們開始關閉大腦對其他訊息的感知。這項關閉工作很關鍵。

2. 當心流繼續深入，大腦會分泌內啡肽和花生四烯乙醇胺，它們的作用是減輕痛苦和壓力，讓人逐漸感到舒適。花生四烯乙醇胺具有建立大腦中訊息遙遠連接的能力，這就會帶來創造性思考。

3. 當你的心流進入極致，大腦會進入一種半睡眠狀態，關閉了更多區域後，潛意識會佔據主導地位。這時，多巴胺、去甲腎上腺素、內啡肽、花生四烯乙醇胺開始協同作業，按照不同濃度和節奏分泌。

4. 潛意識的訊息接收處理能力是大腦日常的數倍（根據研究結果至少是 5 倍）。這時候大腦會分泌血清素和催產素，讓人感到平和、幸福。人會體驗到一種與世隔絕的高度寧靜的幸福，同時感到處於磅礴的思考流動之中。

可見，在一個完整的心流狀態中，大腦會進行一番強有力的組合釋放。這 6 種激素本身就是人腦不同類型的愉悅感激素，心流就是它們同時分泌的一次盛況。簡單説就是，我們日常可能會體驗深淺和質感不同的 6 種高興，而心流讓我們同時品嘗到混合的 6 種高興。這套組合釋放會讓人直接進入超級模式，思路清晰，心如明鏡，體驗到寧靜中的巔峰喜悅。

這樣的體驗當然會很強烈、很特殊，可以説，深度心流的實現和再現，以及在其中進行的思考和創造，足以改變人的一生。在持續的心流中學習和創造的人，就會知道自己像是找到了某把神奇的鑰匙，躍升到一個新的維度。一個人如果能夠長期追求心流與體驗心流，其實就是讓自己處於連續的幸福和 5 倍創造力的狀態。

關於心流時間的 6 個認知

1. 自律是延遲滿足；心流是當下滿足

在所有的時間管理狀態之中，他律最痛苦，因為沒得選，時間和生命是被他人管理和佔據的。自律則好很多，是用行動為自己的未來做出選擇。自律的付出只為贏得回報，過程中對收穫的嚮往能夠推動人繼續堅持，但只要「堅持」二字出現，其中就存在數不清的忍受。

其實，所有的自律，歸根結底都源於慾望的驅使而不是抑制。只不過為了更長遠、更宏大的慾望，我們暫時放棄了小慾望而已。飲食男女是人性和本能，但追求更高、更快、更強一樣是人性和本能。不論放縱或自律，都是人性和本能的釋放，而不是抑制。

我們所知的規律是，持續自律的人總能有收穫；那麼如果有人能夠突破這種為產出而投入的限制，持續全身心付出而不求回報，他一定會得到更多。那些因為深度熱愛而不求回報的超級工匠，都是為了把事情做到極致而沉浸在自我愉悅中，最終他們既得到了現在，也得到了未來。

面對難題，生存時間給出的答案是需要如運動員般艱苦卓絕地訓練，賺錢時間給出的答案是需要如赤手登峰者般長久為「酋長岩」打磨攀登曲線，但心流時間給出的答案是用心流狀態解決，一個人完全沉浸在某種活動中，無視其他事物的存在，以此度過時間和面對挑戰。熱愛是不需要堅持的，這種體驗的喜悅之大，使人願意主動付出全部身心。在心流中，堅強的毅力不是解決難題的答案，人生也不總是苦行。比鋼鐵般的意志更強大的，是幸福的洪流。

如果說一萬小時定律是通過時間積累來沉澱技能，刻意練習是通過循環增強的練習來達成目標；那麼心流完全是因為過程中強烈的樂趣而自發忘我地展開行動，是體驗最正面又最深刻的歷程。

當人們說「活在當下」時，他們只是表達了要珍惜時間飄逝體驗的態度，而心流讓人有真正活在當下的可能。人們總是用結果評價人生贏家，但其中確有一些人，不只贏在結果，早在過程中就已經贏了。這種贏體現在創造的當下就已經獲得了一次幸福，當心流時間創造被世俗論證後，幸福又來臨了一次。

有些人在接受媒體採訪時會說：「我只是在做我最喜歡的事情，順便賺到了錢。」雖然聽起來很討厭，但是他們說的很可能是真的。到頭來，一切都是選擇與代價，其中沒有對錯，出發點和道路會引向不同的結果，有的人在追求精湛，有的人在追求夢想，其中有的人只是因為附帶得到的財富吸引了人們的目光，就讓人們誤以為追求者追求的是財富。

2. 挑戰反而是獲得幸福的機會

向上挑戰匹配難度是進入心流的條件，這個認知能使我們的整個人生都積極起來，因為一生面臨的挑戰實在是太多了。現在，每次挑戰竟然都可以成為一個獲得幸福的良機。在求學和成長的路上，擁抱挑戰這個説法早已經是老生常談了，我們過去只知道人應該不斷突破天花板，螺旋上升，但是我們不知道閉上眼、狠下心、跳進去還有獲得心流幸福的可能。現在我們知道了很多人為甚麼總是敢於啟程，因為寶藏就在途中。

腦神經科學的進展也可以讓你對自我潛力的看法發生轉變。大腦就是進入遊戲的設備，時間就是操作界面，上面有個按鈕，現在如果你想變身超人或人神合一，你需要深吸一口氣，先按下按鈕，選擇進入更難的遊戲。在選擇前面，可進可退時永遠選擇進，就是這個道理。

3. 一切都是神經化學反應，感受也可以轉換

如果我們早已習慣於相信物理現實，就應該相信大腦內的神經現實，因為神經現實和物理現實一樣，也是自然科學現象的本質。我們既然知道心流被激發的原理，就能反過來影響

這一系列的激發過程，也就理解我們獲得的感受其實是各種激素交替分泌的產物。或者説，我們常常討論虛擬現實時代將會到來，但事實上我們的大腦本身就是一種虛擬現實。你對現實的反應如何，這件事、這個人帶給你或難過或欣喜的感受，都是腦神經化學帶給你的。你或許無法調整現實，但你有機會調整自己的理想狀態。

正如悲喜，心流也是人類大腦狀態中的一種，既然悲喜可以被外界激發，那麼心流也能從外部進入。在虛擬現實技術帶來的顱外模擬體驗到來之前，我們早已生活在顱內模擬體驗之中。信念、愛情、意義，任何你堅信不疑的東西，都來自神經化學反應的運作。大腦是一個不斷運行的狀態機，不斷決定和生成你的狀態。這也就是為甚麼第五章説好玩時間的遊戲和界面從多巴胺的角度綁架了你。在腦化學產生的各種狀態之中，心流最罕見也最難達到。想擁有特別的人生，在於獲得特別的體驗，在於超越以往，嘗試做一些特別的事情。和簡單的多巴胺刺激帶來的小快樂相比，心流不亞於大腦的一場冒險。腦神經科學對心流的研究告訴我們的，和成功人士的經驗一樣 —— 夢想的生活都需要冒險，如果想要創造奇蹟，你總是要按下 Hard（困難）鍵。

4. 站在一個新高度，重新審視自我

你只有知道自己如困牢籠，才會拼命找到辦法逃出生天。

如果你一度認為創造力是一種神秘能力，只有基因、天賦才能讓人具備這種能力，現在你會改變這個想法。既然心流只是大腦的一種接收和處理訊息的狀態，那麼你學會之後也可以用 5 倍的速度超出水平表現。

你甚至可以認為，過去你對自己的感覺，包括覺得自己平平無奇或悲觀，是過去大腦神經系統給你的狀態，而這是你心智上無形的牢籠。在念頭、意識、思想、行動的關聯和變化中，身體與大腦一直在按舊有的穩定機制一邊接收訊息，一邊組合訊息，進而激發後續的一切。譬如説，你週末的大腦神經狀態，是由玩 3 小時遊戲、看 2 小時韓劇和看 1 小時社會新聞帶來的交替訊息與刺激組成的，且這個訊息模式在過去三年中都沒有發生明顯的變化，那麼可以認為你已經漸漸失去了對自身高層意識和行動的控制權。

想要控制自我的思想，先要能夠覺知當下的發生。讀到這裏，可以再次解釋為何「五種時間」的首要功能是幫助我們辨認正在開展的是甚麼行動。「五種時間」的分類方法，可以幫助我們對主動或被動的選擇做出回應；簡單來説，就是可以在任何時間、任何地點、任何情況下，讓我們捫心自問：「我正在做甚麼事情？我為甚麼選擇做這件事情？這件事情是我主動選擇的嗎？」這種追問的有效性就像正處於盜夢空間之中，只要意識到這一切都是虛幻的感受，空間帶來的感受就立刻煙消雲散，牢籠的欄杆向四周轟然倒塌，而選擇又重新擺在面前。

只有覺知和觀察，你才會發現當下狀態的問題，才能做出判斷，才能主動選擇和控制行為，這種情況下的你，才是真正的你。這也才是真正意義上的時間管理，因為你終於做到了管理自己無限的生命力。

5. 心流愛情、心流教育和心流家庭

不是非得拿起書本獨自坐下來才算進入心流。

「五種時間」這個新的時間分類法對日常生活啟發最大的地方，在於讓我真正地意識到，應該讓和最重要的人在一起的時間成為心流時間。

最理想的戀愛是心流中的戀愛，人們常說的靈魂伴侶，就是心流來臨時有共振的伴侶。當然，有靈魂伴侶的前提是自己有靈魂，而判斷自己是否有靈魂的標準，在於自己是否有心流體驗，是否為自己安排了心流時間。你能讓自己出神，屏蔽繁文縟節和瑣事，讓自己的大腦為獲得持續的訊息而激動，在高處翺翔，這就是有靈魂的表現。你遇到另一個人，發現對方竟然也能夠在你獲得持續訊息而激動的空間裏翺翔，還能在一起翺翔後與你交流你才懂的體會，當你們一起

環顧和向下看時，屏掉的是一樣無用的風景，留下的是你們兩個人的世界，這就是心流愛情。

戀愛當然是兩個人的世界，但之所以有持久激動的愛情，是因為兩個人在一起之後，擁有了兩個大腦和四隻眼睛，一起向前行走，汲取這個龐大世界的訊息。世界的訊息是源源不絕的，你們的激動和共振也因此源源不絕。很多愛情之所以會乾涸，是兩個人以為這個世界就是四目相對時出現的，只在於研究對方，從對方身上獲得訊息，而當兩個人都只看得到蒼白、無趣的時候，就只好面對面拿起了手機。

心流愛情堅固，是因為你們知道，在你們兩個人的面前，這個世界展現的是與其他人看到的全然不同的樣子，你們由此獲得了彼此才懂的語言。心流愛情取決於相遇前各自走過的路，讀過的書，見過的美景，思考過的人生。在我看來，心流愛情是世間最寶貴的愛情。

獲得心流愛情的條件是 —— 做一個有心流的人，然後找一個有心流的愛人。

當你組建了家庭，有了孩子，你也會因為自己的心流體驗清楚地知道，甚麼是能給孩子的最寶貴的經驗。

希臘哲學家柏拉圖 2,500 年前在他的書裏提到，對於人們最重要的事情是教會孩子在正確的事情裏獲得快樂。這其實是在心流概念誕生前對心流和心流獲得策略的描述。柏拉圖所說的快樂，和他所說的「正確的事情」緊密相關，代表有價值的思想活動帶來的快樂，包括知識湧動，思維浩瀚，創造發生。米哈伊教授也解釋說：「快樂還不足以讓人生卓越，重點是在做提升技能、有助於我們成長、能發揮潛能的事情時獲得快樂。」

「五種時間」是現代積極心理學意義上的時間管理理論；因為所有的判斷和方法都在指引人們通過練習達成專注，而專注帶來的一系列腦神經變化和激素分泌，本身就會讓人平靜又充滿希望。在智能手機時代，訊息來得複雜迅猛，而時間更被無情地割裂成碎片。這個碎片化時代不僅正在篩選我們，也在篩選我們的孩子，專注能力變得愈稀缺，掌握它的人就愈容易脫穎而出。簡單說，培養孩子，就要培養一個心流中的孩子。

當時間管理理論被應用於個人發展和兒童教育領域時，引導人們體驗心流是其中的教學重點。在過去，人們認為心流的獲得非常隨機，無法把控，每一次出現都顯得彌足珍貴。但現在，深入學習和執行工作任務時，如果一個人能夠覺知心流可以跟隨自己的引導重複發生，他就掌握了解決大部分問題的能力。因此，對於兒童教育，可以從早期就引導兩件事：第一是讓孩子在你的陪伴下有效體驗心流的存在，可以用音樂、閱讀或繪畫作為媒介，這個過程中你們也會成為真正的好朋友，經歷共同的故事、共同的審美體驗，互相懂得，心靈相通。第二是讓你的孩子相信，他能夠掌握心流的引入策略，只要他願意，在未來任何需要的時刻，他都能召喚出很厲害的自己，高效專注地完成學習，創造作品。

趁早獲得心流的體驗和引入方法，將是貫穿孩子終生的財富。

理想的心流家庭的樣貌，無論是父母還是孩子，由於每個人有着各自專注的時間，家庭成員對於獨處有着共識和理解，不會要求表面上的陪伴；由於成員之間有着共同的熱愛，日常的談話交流甚至遊戲都成為快樂的心流時間。真正的陪伴是心靈的同在而不是物理上的共處一室，不是誰的犧牲和誰的佔用。當你和家人擁有這樣的生活之後，家庭時間就是心流時間，家就成了真正的避風港。

家庭時間和心流時間一定是可以融合的，因為它們有着最大的共同點。家的存在不是為了遙遠的夢想，在家感覺到愛的此刻就是夢想，家的生活也沒有宏偉的目的，在家中的每一次呼吸就是目的。

愛、自由、審美、心流，這些都是世界上最寶貴的東西。

6. 建造積極生活的機構

本書的寫作是我在心流時間進行，比起十年間創造的文創品牌，成長中的線上學校「趁早學院」，構思和完成本書是一件向上挑戰的事情。

美國心理學家馬丁．塞利格曼（Martin E.P. Seligman）認為，積極心理學有三大支柱，第一個是直接獲得的積極體驗；第二個是長期培養的積極特質；第三個支柱來自積極機構，這三大支柱都有助於人們創造積極生活。建造一個倡導正向生活的機構並讓它良性運行，是對人類有着實際意義的事業。當然，建造這樣機構是充滿挑戰的事情，我和團隊已經在這條道路上跋涉了十年時間。

比獲得積極認知更重要的，當然是正向行動。正向這個詞表示行動的持久和方向的明確，且描述了一種循環增強的樣貌，其中積極是長久的態度和體驗。正向生活靠行動才能創建。

正向生活的時間管理是行動在時間中的組織方式，「五種時間」是行動的分層和分類方式。當行動被有效分類，無論在人生的哪個階段，哪個場景，你都可以積極解決問題，提升體驗和展開行動。

我邊寫邊想，我要繼續建造這所幫助學生開展正向行動的學校。一個好的社群，不是因為科技先進，物質充裕，而是因為它提供了盡可能從人本身出發獲得幸福的方法和機會，同時引導人追求在越來越大的挑戰中發揮潛能，實現作為人在世間的充分生活和充分創造。同樣，學校的真正價值並不只在於學生接受的具體訓練，而在於它能傳授多少令人終身追求的信心與樂趣。

觸發心流到「應許之地」

心流萬般皆好，人人腦中又都有開關，現在我們就只剩最後一個問題沒解決 —— 如何讓自己進入心流狀態？

人人腦中都有心流的開關沒錯，但是開關畢竟藏得很深，這不能怪我們自己，只能怪人類進化的歷程。

人類到如今已經跨越了認知革命、農業革命、工業革命、訊息革命，但自認知革命以後，DNA（脫氧核糖核酸）的進化就不再是主要的進化方式。也就是說，我們的文化和科技在幾千年早已快速地迭代了無數遍，但是 DNA 的進化實在跟不上，畢竟這種進化都是以百萬年數量級的時間作為週期。這造成我們的各種原始本能還停留在認知革命時期，譬如說害怕黑夜；雨天睡得香（因為雨天猛獸不出來）；喜歡高熱量食品（儲存能量，畢竟山洞裏沒暖氣）；容易吃撐（過去打獵成功一次不容易），同時還留有一個典型的認知革命時期的糟糕特點——無法長時間專注，因為我們的祖先實在不需要這個技能。我們的硬件——肉身可以説極大地落後於我們的軟件更新程度。反過來也可以認為，一個人能夠控制自己不吃撐，擁有長時間專注的能力，是他進化得更好的結果。

作為個體，你應該堅定地認為，大腦的進化程度此時掌握在你自己的手中。在有生之年到底能夠達到甚麼進化邊界，要看你冒險接受挑戰，超越既有能力的次數。

為了幫助我們能找到進入心流的鑰匙，首先要定義心流的狀態。米哈伊教授在書中給了 8 個標準，這些標準來自他的大量訪談，訪談的人在談到最優體驗時，往往會描述出這 8 種體驗中的幾種甚至全部。

1. 面臨的是可完成的工作；
2. 全神貫注於這件事情；
3. 明確之目的；
4. 即時的反饋；
5. 投入行動之中；
6. 感覺能自由控制自己的行動；

7. 進入「忘我」狀態、心流體驗後，自我意識又變得更強烈；
8. 時間感改變。

現在，你擁有一個大腦，這就是進入心流遊戲的所有設備，接下來時間就是你的操作界面，上面有按鈕，如果你已經準備好人神合一，請深吸一口氣，按下那個按鈕，進入心流時間這個人的旅程中最難的遊戲。以下是遊戲的規則。

道路：守住自己的火種

你願意踏上追尋心流的道路，是因為它足夠困難。都說只有做真正熱愛的事情，才能到達真正屬自己的地方。但只有極少數人能在年輕時就找到道路，彷彿得到了命運的眷顧。在尚未找到時，困境最能看出一個人的本性，總有人在真正的壓力還沒來臨時就輕言放棄，從此丟失了火種，丟失了自己的可能性，丟失了大腦升級的進程。

獨自踏上道路，必須帶着一種重要的自我肯定 —— 深信心流的幸福可以通過探索得到，自己行為的強大將帶來大腦的強大，大腦的狀態會被自己的行為改寫，訊息處理能力和創造水準會因此飛升，從而讓命運掌握在自己手中。

如果暫時找不到你的熱愛，踏上道路還有三個選擇。

第一個選擇：個體需求。找一件當下必須做，而且略具挑戰性的事。

第二個選擇：技能類愛好。可以來自好玩時間的探索之池，但是這個愛好必須符合培養技巧、拓展能力、循環增強的規律，才能助你進入心流通道。

第三個選擇：隨機事件。譬如一段突如其來的獨處時間。

從選擇道路開始，就需要你對經驗進行獨立反省，實際評估各種選擇方向，未來進程自會揭開每條道路的結果。重點是，把你的火種守住，心流不是在這裏就是在那裏流淌，永遠保有對心流再次流淌的渴望。

做一個聚精會神的人，是一生極為重要的事。要堅信，生命中真正的樂趣，出現在你沉潛於某一事物，全然忘我的刹那。

觸發：找到自己的蒲團

找到事情做之後，就是獨立地做[註 4]，全神貫注地做。

心流時間的關鍵在於獨處，如果過去的你討厭獨處，很可能是因為不想面對內在的一片混沌。現在，你需要把這片混沌

註 4：在心流的高級階段，會出現集體心流的現象，但在心流練習而言，初階體驗一定從獨處時刻開始。

分離，觸發心流，讓混沌中你需要的那條訊息路徑亮起來。

如果你曾經進入心流，那麼找到心流的觸發條件就會更容易。外界條件能夠形成一條訊息路徑，包括光亮、顏色、氣味、聲音等，都可以成為點亮記憶路徑的輸入訊息。一段心流，可以對應一段被提取的記憶，重現這段記憶。但是無論如何，你都無法直接追求心流，你只能通過正在着手的事務間接地達到。

一個普遍適用的方法是建立自己的觸發儀式，即重現讓你進入心流的光亮、顏色、氣味、聲音。我在寫作中已經建立了一套牢固的觸發儀式：在自己的書房中，選茶、燒水、泡茶，再將茶水汩汩倒入杯中，看蒸汽升騰，再喝下第一口，此時我會知道，距離心流來臨大概還有半小時。事實上這個來臨時間沒有任何意義，因為我隨後開始努力全神貫注地整理素材、閱讀基礎文字或者開始書寫，書桌周圍的現實開始隱去，除了我和我正在寫的字，時間已經靜止。

關閉：進入山洞

為了讓心中的混沌分離，除了需要讓你的那條訊息路徑亮起來，還需要讓其他無關的訊息暗下去。在這一步，你已經開始練習通過行動改變大腦和身體的狀態，從而掌控大腦這個心流機器。

現代社會中，人們平均 3 分鐘就會受到一次手機干擾，而重新進入專注狀態需要 25 分鐘；因此想要練習專注力，干擾元素必須被關閉，「重新進入狀態」只允許出現在最初的一次。在自我控制領域，一個健康、富有、強壯的人，並不見得比一個不健康、貧窮、衰弱的人更有勝算。必須自己建立秩序感，而非讓手機和社交媒體代替我們建立。

經過訓練，專注能力強的人可以迅速地進入狀態，但是對於缺少專注力、已經被手機建立秩序的大多數人來說，他們需要操作一系列關閉程序。

首先要關閉和遠離的一定是手機，譬如在我寫本章的此刻，手機大概已經在遠處的房間安靜放置了 5 小時。基於對自己的了解，我不用手機考驗自己，在手機和心流時間之中，只能存在一個。

其次是關閉心理，在此之前我會讓自己知道已清空了大腦，譬如把後續的待辦事項都記在效率手冊上，然後告訴自己不必記住它們還沒做，因為手冊已經替我記住了。如果練習的次數足夠多，在進入專注前就會自發形成刨除雜念的意識。

在心流時間訓練的初期，也需要做一些視覺關閉練習，桌上和可見範圍內盡量少擺放物件，挪走可能吸引注意力的東西。

最後，需要一個不管怎樣都硬做下去的過程，面對眼前的事投入一段時間，至少 25 分鐘，讓大腦啟動自行關閉模式。當長時間做一個類型的事情時，大腦就會慢慢關閉其他不相關的訊息，降低和關閉對外界的感受，而所有神經連接通路都會緊緊圍繞着正在關注的一切被激活，這時候專注程度本身會在大腦的幫助下自動增強。大腦自身的功能如此鼓勵專注的人，讓愈專注的人愈能獲得該項能力。如果在這 25 分鐘大腦神經來幫你的路上，你偷偷看了眼手機，一切就前功盡棄了。你想獲得專注能力，就要給夠時間讓它出發幫你。

25 分鐘，就是時間管理專注界重點強調的「番茄時間」長度，可見這個長度也並不是信口開河，而是來自對腦科學和專注力關係的研究。25 分鐘內能否心無旁騖，簡直是一個人大腦進化程度的臨界點；如果你能夠數次逾越，足以證明你的肉身也從認知時代進化到了訊息時代。記住，碎片化時代在用每一個 25 分鐘無情地篩選着你。

上身法——顱內模擬

對於心流體驗最大、最有效的觸發力量，其實來自偉大的人腦本身。就像《人類簡史》中提到，人類之所以在歷史的長河中聯手創造了偉大文明，在於人類能在大腦中創造信念，再用信念組織起眾人的一致行動，去建設宏偉、巨大、漫長甚至只在想像中預先存在的國家、宗教和文明。

人的信念力量就表現在著名的棉花糖試驗裏，假設我們在猴子和人之間再做一次類似的試驗，猴子和你都很胖、也餓了一天，當面前放着飯的時候，猴子再胖也會馬上吃飯；而充滿信念的你，因為懷揣着對減肥成功的憧憬，還是能夠忍住不吃，再餓上一天。節食當然不健康，但確實是人類精神文明存在的一種證明，因為你在顱內模擬了減肥成功的結果。

人類信念驅動的力量大到這個程度，難道還不能改變自身嗎？一定可以！

你的大腦對預期境遇和信念的闡釋非常重要，下次準備追求心流的時候，其實有很多東西可以用來模擬和觸發，讓你挨過 25 分鐘。

▶ 視覺化模擬

用視覺加深你既有的渴望。當你選擇的心流道路關乎個人發展和技能時，這個方法會加強觸發，在目標明確的備考時期更加有用。譬如張貼理想大學的照片和景色，或在啟動前在大腦中勾勒完成時的感受。未來如同懸掛在眼前的紅蘿蔔，助你進入專注。

假想敵模擬

敵人的挑釁可以激發鬥志，當自身渴望不足時，尋找外力的刺激激發腎上腺素的分泌。不服和不滿能夠讓你有效實現奮起和專注。

上身法模擬——人神合一

這種模擬法對於觸發我的寫作專注能力異常有效，不但讓我可以進入專注，甚至可以直接讓我進入持久的寫作心流。這個方法我至今依然在使用，上身法模擬對我的作用發生在兩個階段。

第一個階段，模擬榜樣人格。

2009 年我開始寫第一本書時非常痛苦，難以開始，也未曾感受到心流，我甚至不能控制自己長時間地坐下來敲打鍵盤。我對自己非常失望，覺得一輩子也寫不完這本書了。很顯然，當時的我既沒有找到方法，也不清楚專注和心流的形成原理，我的大腦更沒有進化到理想程度。

但當時世界上是否有我的寫作專注力榜樣呢？有的，她叫梁鳳儀。我除了知道她是香港商界的一個榜樣女性，是獨立女性題材暢銷書作家，還知道她有一個驚人的能力，可以在一個星期內寫完 10 萬字的書稿。我當時很想擁有這樣的能力。

直到今天，我也並沒有真的知道她是如何觸發專注的，把手機扔了多遠之後才開始寫作的。但是我當時無意中做對了一件事，就是開展顱內模擬過程，模擬正在寫作的就是梁鳳儀本人。每當我想拖延，或格外困倦、注意力渙散時，我會想：「我可不能停下來不寫，我可是梁鳳儀啊！我一星期能寫 10 萬字，如果我現在停下，這星期就寫不完這麼多字了。」在這樣不停地模擬中，我完成了第一本書《趁早》的寫作，並在 2010 年出版。我在心流時間上選擇的道路和我的執行情況，改變了我的命運。

第二個階段，召喚理想化身。

如今，在寫作了十年之後，我膨脹到不需要模擬梁鳳儀了。

由於體驗到了無數次寫作中的強烈心流，我知道身為凡人的我在心流中會變身成我的神仙，她就在我的身體之上，高速調用着我的大腦，分別開啟和關閉了一些神奇的通路，和我在寂靜中共同寫作。

她就是我日夜想成為的那個人，是我的大腦進化之後高效而創造力爆棚的化身。只要她到來，我就知道這部作品不會平庸。我所要做的是計算任務量和目標距離，確保她每次都能如期到來。而每次她來過之後，我都會變得比以往更強。經過心流洗禮之後新的我，已是舊時我的理想化身。心流之中，我終將成為那個人。

如果用心流時間計算最有密度的生命，每天真正有創造力的時間，也許不過兩三個小時。而就在這短短的洪流之中，精神圖像會引導我們看到願景，行為會激發我們的正面感受，大腦感知會被重塑，訊息會被連接和積累，而未來會因為充滿希望而閃閃發光。

心流時間中的人生，才是最該追求的旅程。

"Suffering is not caused by ill fortune, by social injustice, or by divine whims. Rather, suffering is caused by the behaviour patterns of one's own mind."

A Brief History of Humankind

"一切苦難並非來自噩運、社會不公或是神祇的任性，而是出於每個人自己心中的思想模式。"

《人類簡史》

07

重疊時間：花園模型

完整了解「五種時間」的分類之後，終於來到打量生活的全新視角，可以站在時間管理花園的頂端俯瞰。不論你曾經有沒有時間管理意識，不論你的時間管理偏好如何，現在你都可以打破舊有的時間分類，獲得重構時間的自由。

在這之前，來自紛繁生活的訊息像一鍋沸騰的能量，消耗大腦的計算能力。龐雜的已有訊息，很難被通盤理解並控制，人就容易被阻隔在最脆弱的環節。現在，你可以抓住本質，把複雜事務歸納能夠掌握的入口，再給它以時間發展演化。

關於做甚麼事情和做多久，絕大多數人都遵循直覺思維來選擇行動或不行動，這不用費神就能做到，而且可以快速響應。但人一天的精力和能量實在有限，在一件事情或一種情緒耗費太多心智，就會在其他事情上乏力。現在我們用「五種時間」的花園模型來解決問題。

「五種時間」的花園模型並不複雜，在直覺思維和結構性思維之間，只有兩個步驟的距離，先覺知自己正處在哪種時間，再確認這種時間是否自己的選擇。

最初，這個思維模型可能是緩慢且耗費腦力，但隨着認知加深，內心的聲音會發生改變，過去是你的各種慾望在矛盾掙扎；從此以後，你的心中只有你在給五種時間安排工作的內部討論聲。

模型的重構

此刻，歡迎來到「五種時間」體系的最關鍵處。在全面了解每種時間的含義基礎上，現在可以正式建立你的「五種時間」管理結構，整個建立過程一共分為五步。

第一步：辨識時間類型的非唯一性

這裏的非唯一性指的是，同一件事在不同的場景、身份、需求下，可能屬不同的時間類型。有很多因素影響時間類型劃分，包括職業、年齡、社會身份、身體狀態、直接和間接目的。通俗易懂的說法是，別人選擇做這件事，和你做這件事的意義可能全然不同，出發點不同，目的不同，過程感受亦不同。同一件事，對你來說可能屬這種時間，對別人來說可能屬那種時間。因此，當你判斷自己是否進入一件事時，如果以他人為參考標準，就要謹慎了。

例如一位家庭主婦、一位假期中的學生、一位美食 blogger、一位廚師同時報名高級法國餐烹飪班，四人為着不同目標而來。家庭主婦的做飯水準需要提高，學習過程是她的「生存時間」。學生正解鎖自己的人生技能清單，能不能學會或學到多少法國餐，這是他的「好玩時間」。美食 blogger 每週更新視頻，製作好看的烹飪視頻是她的核心競爭力，在學習同時用視頻記錄全過程，對於她這是典型的「賺錢時間」。對廚師而言，這個學習過程極有可能在「生存時間」、「好玩時間」、「賺錢時間」、「心流時間」之間切換。

當你從這個角度理解事情後，再看其他人考公務員、出國讀書、創業、結婚、生子或其他任何選擇，就有能力辨識他人的選擇對你來説是否具有參考性。即使發現絕大多數人做出類似的選擇，你也有能力獨立思考自己到底是不是絕大多數人中的一個，或絕大多數人是不是因為沒有這種「五種時間」分層思考的能力，才從眾而做出出發點模糊的選擇。

在選擇的世界裏，選擇只是他人的選擇而已，除非你深深地認同和懂得他人，否則他人的選擇和你毫不相干。

第二步：建立花園模型

每個人的時間有限，所有事物都可以按「五種時間」分類。那麼，一天中「五種時間」的分配可有四個追求方向：

1. 讓可支配時間最多，表現在應該努力爭取生存時間最小化。
2. 讓單位時間內的體驗最優，表現在心流時間最大化。
3. 讓單位時間內的效能最高，表現在生存時間和賺錢時間中，是積極準備比賽，瞄準核心競爭力打硬仗。生存時間中緊盯運動員密碼；賺錢時間中堅持推進終極等式。

不熱愛所從事工作的上班族的「五種時間」花園模型

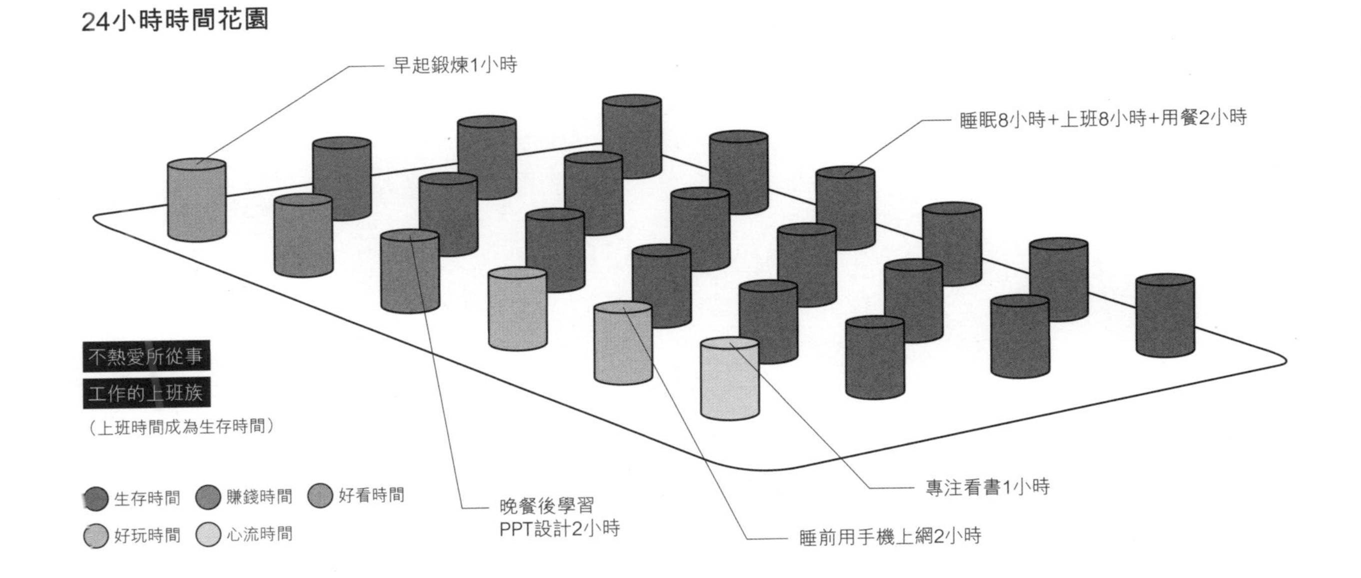

4. 讓可支配時間明確指向生平。你想怎麼活、成為誰，就怎麼安排好看時間、好玩時間和賺錢時間的比例關係和優先級。

我們把時間視覺化，把每人每天的時間視作一座可容納 24 次播種的花園，每天開始時，這座花園是一個人的待耕空地。每個人按自身的情況和意願，種植不同類型的植物。植物有 5 種，對你來說質感各不相同，可能是花、樹或藤。事實上從出生開始，你每天醒來時生活都強行給你一座花園，你每天種植它。

從現在開始，你所有的時間被辨認並劃分為 5 種時間植物，你選擇如何度過這一小時，就是把這一小時的植物種在花園。按照這個分類，我們可以清晰地觀察一個人的時間組成。

對所有人來說，花園的基礎植物都是一致，因為必須包含屬生存時間的睡眠和飲食。我們又得種植那些被動和主動的生存時間，當你上班在做令人感到如同行屍走肉的工作時，你的工作時間就是生存時間。

種好生存時間植物後，我們的植物選擇開始自由起來，可以選擇其他 4 種時間植物的不同配比。當然，有人的生存時間極多，佔整座時間花園絕大部分，把其他時間擠壓得很少；

有的人並不會把其他 4 種時間植物都種到花園中，如不會種植心流時間植物。

生存時間是五種時間中唯一壓抑和負面的存在，雖然我們的目的是壓縮和逾越它，但它很重要。當你能夠在時間花園自由耕耘時，當然會持續努力掙脱那個被迫的部分，因為它讓你痛苦又艱難，但你不能無視時間花園的結構，沒有生存時間的存在，時間花園就無法存在，生存時間決定了時間花園的基礎。

整座時間花園就是你一天的使用時間，這座花園中最多有五種時間植物。當系統複雜但規則簡單時，人就會乾淨利落、鎮定自若地做出抉擇。

第三步：不把平衡作為排列依據

面對花園模型時，優先級的概念變得簡單起來，就是要決定先種下哪種時間植物，後種下哪種時間植物，直至把 24 個栽培額用完。

生存時間之外的 4 種時間植物，並不是每種都均勻地種上幾棵才是好生活。「五種時間」體系的目標不是五種時間都均勻得到，因為平衡不是目標，確定清晰明確的優先級才有意義。

我們追求的不該是平衡，因為平衡常用來形容兩頭或多頭質量的相似；我們追求的應該是極致的具體目標或體驗，是通過反覆實踐想要加強的那一項，直到它顯著地好。所謂的平衡也轉瞬即逝，而優先級的變化有機會讓人的能力呈現動態平衡，追求優先級的執行永遠比追逐下一次平衡容易操作。

最好的情況是，你發現那種必須做到的事你非做不可，做不到就寢食難安，輾轉反側。這樣的選擇本來就和平衡毫無關係，可以來自賺錢時間、好看時間、好玩時間、心流時間中任何一種。只要你持續追求，所有的努力和操作都會變成支撐，成為你的結構的重要部分。

時間花園中，生存時間是必須完成和逾越的，而心流時間是畢生要追求的，在生存時間之外將是自由區域，完全可以按照你的主觀願望排列。在剩下可支配的時間中，你到底願意用多少時間投入健康和外表，用多少時間投入好奇心和人生體驗，又有多少時間願意給無限打磨和提高自己的核心競爭力，從而獲得金錢的回報，都由你自己決定。

有人認為好看時間最重要，因為沒有了生命力和健康，整座時間花園都不復存在；有人認為好玩時間最重要，如果此生沒有盡興地活過，沒有到達過極限和邊界，其他便沒有意義；有人認為賺錢時間最重要，不投入足夠的時間和精力賺錢，根本無法掙脱生存的枷鎖，也無法支撐源源不斷的好看時間和好玩時間，更沒有心流時間的空隙。以上都對，都可以用優先級給出解決方案，所有的選擇在於你自己。但生命終究有限，深度和廣度不可兼得。

當時間推移，長久的行為疊加會呈現出它們各自的結果。專注於甚麼，就更大概率地得到甚麼；專注得愈久，積累就愈多。當你在五種時間內都有所專注，你當然會得到五種時間各自的結果。

第四步：實現重疊時間

在上面的故事，廚師身上發生了神奇的事情，在高級烹飪課中，他同時實現了好玩時間、賺錢時間和心流時間的過度和共存。他因興趣出發，在過程中鎖定了核心競爭力，又在高度沉浸下掌握技能，並獲得幸福感。他把本來串聯的事件和階段通過並聯完成，經歷一段罕見的重疊時間。

像這樣的人還有很多，頂尖的作家、畫家、音樂家、科學家、運動員，絕大多數學科中的卓越人物，都是大量重疊時間的擁有者。他們同時經歷着幾種時間的深度重疊，大面積地濃縮了自己的生命，也隨心流提煉了精華。作品、名聲和金錢，都是這些重疊時間的結果。

人們説仰慕強者，仰慕的並不應該是強的結果，而是強的原因，這原因是常人難以達到的精深專注。而當這精深專注甚至重疊了常人的其他投入時，強者得以用數倍時間燃燒自己的生命。衡量一個人是否完成了自我，的確不應該以他的表象和財富為標準，而是他的人生燃燒的充分度。

未來我們判斷一個方向是否值得追求，一件事情是否值得做時，我們多了一個確切的判斷維度，看這個方向、這件事在多大程度上可以重疊五種時間。如果人生有捷徑，那就選擇做能夠重疊時間的事。重疊時間就是最大的捷徑。

大英博物館最古老的一個藏品是一塊 200 萬年前的石頭，智人用這塊石頭砍砸骨頭和堅硬的果實，也削下骨頭上的肉。可以說，200 萬年前，智人手中簡陋的石塊，其實是他們找到的一小塊時間重疊器。當我們的祖先使用它時，大量的進化時間被壓縮重疊進去，讓他們可以比自然界中其他的物種以更短的時間、更高的效率達成目標。

現存物種中與人類親緣關係最近的是黑猩猩，但黑猩猩不會使用時間重疊器砸開和分解食物，牠們每天用牙拆解、咀嚼大塊食物要用至少 5 小時，而智人的時間重疊器讓每天的進食時間縮短只有 1 小時，智人學會了藉助時間重疊器用更短的時間達到目的。

之後就是我們知道的進化史：其他物種需要等待隨機突變和

性狀篩選的漫長時間，人類統統將其重疊進了取火、弓箭、長矛、衣服裏。到現在，人類創造出一件又一件盛放時間的容器。不論是汽車和飛機，還是互聯網和手機，本質上來講，都是某種形式的時間重疊器，它們讓人類在永恆的時間長河中，獲得了史無前例的自由。

來到我們生活的這個時代，如果你仔細觀察人與人的區別，會發現人類中的高手依然擁有和使用着各自的時間重疊器，並且依然在無聲地重疊着時間。對我們現代人來說，時間重疊器能夠將至少兩種時間共同操作的工具或方法重疊，重疊時間就是我們找到的可以充分燃燒的人生道路。

第五步：尋找超級 R

甚麼是這個時代能夠實現的重疊時間呢？正是訊息時代的到來，讓我們所有人獲得了嶄新的時間重疊能力，並在我們還沒有深刻認識到重疊時間這個概念時，應用在生活中。

生活和工作中，兩種時間的重疊是常見的，我們通常叫作一心二用，可簡稱為「二重疊」，如：

- 好看時間 + 好玩時間：貼着面膜看美劇；
- 生存時間 + 好玩時間：上班路上聽音樂故事；
- 好玩時間 + 心流時間：用心和孩子一起創造作品；
- 好玩時間 + 賺錢時間：遊戲玩家比賽；

- 賺錢時間 + 心流時間：畫家完成作品；
- 心流時間 + 賺錢時間：科學家進行深度研究。

當你用重疊時間的概念來觀察這些「二重疊」使用時，你會發現，當賺錢時間加入重疊以後，這件事變得非常值得持續操作，其中的人有充分的理由和充足的動力讓這件事一直進行下去，並獲得循環增強。這時候，你想起了書中第三章展示過的曲線，顯然他們很可能已開始在這條人生終極等式的曲線上耕耘，在單位時間內，他們付出努力提高 R，當時間向前延伸，他們有極大可能在未來獲得質變點。這樣的工作不由得讓人羨慕起來。

那麼三種時間重疊呢？能夠重疊三種時間的事件更難發生，在我的日常生活和工作中，階段性實現時間三重疊：

- 好看時間 + 好玩時間 + 心流時間：全家如團隊般一起專注做運動；

而我唯一的一次時間四重疊體驗：

- 好玩時間 + 生存時間 + 好看時間 + 賺錢時間：「和瀟灑姐塑身 100 天」最早是我生完女兒後為恢復身材和克服在家的無聊，自己畫的一組健身記錄漫畫，以好玩時間的面貌出現。

當我們準備試驗陪伴用戶養成習慣的在線產品時，我們把

「和瀟灑姐塑身 100 天」的真人版搬到了線上。在最初 100 天的嘗試時期，它是公司線上業務生存期的一個 MVP 產品（最有價值產品），彼時是典型的生存時間，因為它需要被論證能夠進入正向運營，才能活下來。

100 天後，「和瀟灑姐塑身 100 天」不但活了下來，至今依然是趁早行動小程序上參加者最多的項目，運營它和完善它的時間，都成了公司的賺錢時間。

好看時間的收穫首先在我身上得到印證，我在長期的錄製過程中得到了持久的充分鍛煉。而這個產品竟然也成了每名用戶的好看時間，100 天塑身鍛煉完成後，用戶都收穫了自己的好看時間的結果。

不得不説，由於我不是專業的運動員，在錄製過程中很少出現如寫作那般深度的心流時間，但也充分體驗了運動帶給人的強烈愉悦感。

在體驗時間四重疊後，我們再環顧四周，發現高手重疊時間的厲害之處，在於他們的時間重疊之中必有賺錢時間和心流時間的二重疊，甚至還有和第三種、第四種時間的重疊，如好玩時間或好看時間。每多重疊一種時間，都直接拉升了重疊難度，同時也解放了自己更多的時間用於重疊。在重疊高手身上，源源不斷地發生馬太效應，時間重疊愈多，就愈好看、愈好玩、愈心流、愈賺錢。

這個馬太效應的核心，在於同一時間內同時有幾件事情都處在它們各自的終極等式曲線之上，每條曲線也運行着自己的速度 R，當兩個 R、三個 R 甚至更多 R 合體時，就組成超級 R，而當執行者又處在心流當中時，他又用自己平常 5 倍的訊息處理能力和創造能力運行超級 R，這就是大神的養成過程。

在第二章中，我以頂級運動員 C 朗拿度為例子，事實上他實現的就是「生存時間、好玩時間、好看時間、賺錢時間、心流時間」的五重疊，實現時間五重疊的人，實現了生命可能性的最大化，那必然處於他所在行業的塔尖之上。五重疊，是超級 R 的實現，是時間管理的巔峰。

即使你不直接擁有上午 8 時至 12 時，下午 2 時至 6 時，你也可能擁有晚上 8 時至 12 時。在你可以支配的時間裏，依然有足夠的自由追求時間二重疊、三重疊、四重疊或五重疊的生活。無足輕重的一小時一旦發生了重疊，會讓整個生活的密度和質量與以往完全不同。

在更少的時間裏更集中地做事，而不是用更多的時間更渙散地做事。

超級 R 擁有者的「五種時間」花園模型

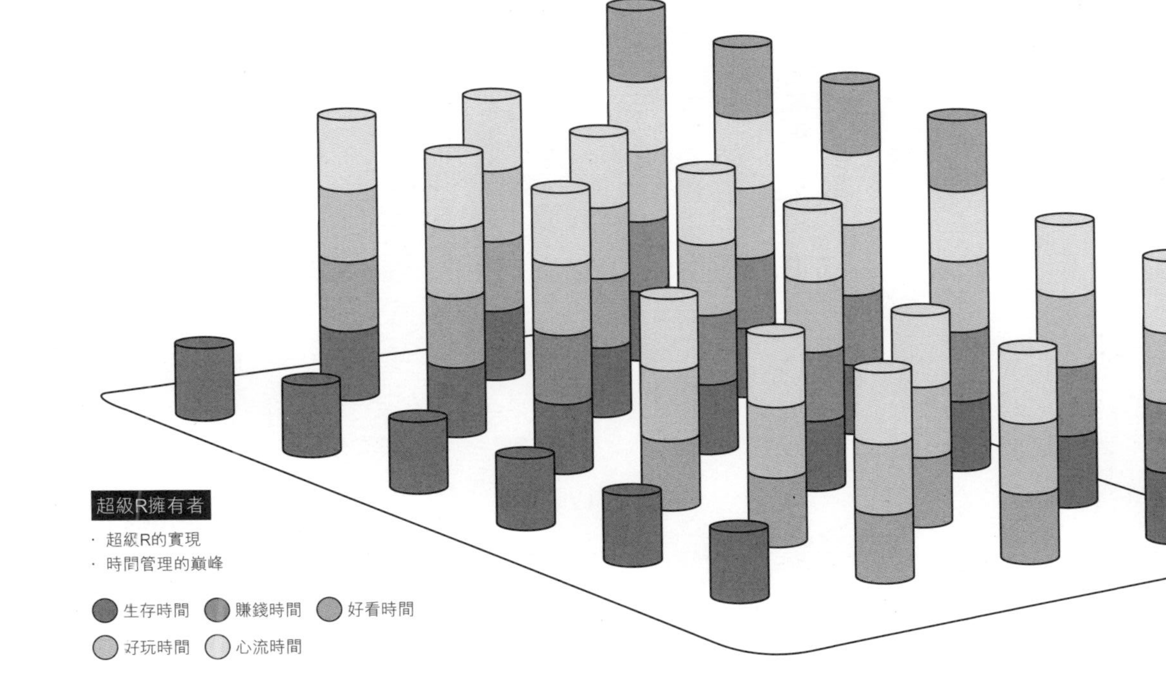

36 種花園模型

有些生活看起來很相似，但本質是那麼不同；有些生活看起來那麼不同，但本質是相似的。

我們口中的「我」，說的是我們腦中的故事，而不是身體持續感覺到的當下體驗。我們認同的是自己內心的系統，想從生活的各種瘋狂混亂中理出道理，編織出一個看來合理而一致的故事。每個人都有一個複雜的系統，會丟下我們大部分的體驗，只精挑細選留下幾樣，再與我們看過的電影、讀過的小說、聽過的演講、做過的白日夢全部混合在一起，編織出一個看似一致連貫的故事，告訴我們自己是誰、來自哪裏、要去哪裏。——《未來簡史》

不同的心理學流派和理論體系，對人格的定義和甄別方法有着不同的解釋。如果說人格是構成一個人的思想、情感及行為的獨特綜合模式，那麼我們現在完全可以用「五種時間」的使用方法來看待自己的人格。我們很容易發現，每個人都有着自己的行動分類和優先級的排序，一個人就是他的「五種時間」花園看上去的樣子。

假設一個人在一天中的生存時間之後，也為自己安排了不同程度的賺錢時間、好看時間、好玩時間和心流時間，先後種植了其他四種或三種或兩種或一種時間植物，那麼按照優先級的不同來區分的話，一共有多少種排序方式呢？一座包含「五種時間」的花園到底有多少種樣子？

基礎計算方式並不複雜。在底部生存時間的位置保持不變的情況下，假設其他 4 種時間的優先級排列方式的種類是 4 的階乘：4×3×2×1=24；當然，也會有人選擇在生存時間之外只選擇三種時間，那麼三種時間的有 6 種排列組合的方式：3×2×1=6；還有可能只選擇了 2 種時間，排列組合方式是 2 種；然後是在生存時間之外，只選擇了一種生存時間的可能，各選擇一次，那就是 4 種。

24+6+2+4=36，按照這種計算方法，不同花園的時間植物播種方式就有 36 種。如果再考慮每個人的每種時間植物栽培的數量區別和生長差異，反映在真實世界中，時間花園可以呈現出無數種樣子。更重要的是，就像前面故事中的廚師一樣，時間花園中的時間很多時候並不是真正在按優先級排列，只是在執行時發生了奇妙的重疊！

但我們現在可以確定的是，一個人怎樣給他的五種時間排序，長久以往他就會成為甚麼人。

當我們從「五種時間」的角度看待事物和人，在不同的角度就會看到不同的排列組合，不同的排列組合決定了屬性的區別。當你看見並理解了新的排列組合時，你就無法再假裝今天和昨天一樣。

茫茫人海，行走着擁有各種各樣的時間花園的人，我們來研究一些擁有典型花園模型的人，打開他們的時間植物秩序，看他們在怎樣排列五種時間，在怎樣生活着：

幾種典型的時間花園模型

好看時間	好玩時間	心流時間	賺錢時間	生存時間	可能會成為的人
高	/	低	/	/	美麗而蒼白的人
低	高	/	/	/	梳化薯仔人
低	/	高	/	/	邋遢但幸福的人
/	/	低	高	/	痛苦的富人
/	/	/	/	高	機械麻木的人

有些人在解決生存問題後，會選擇大量的好看時間用於穿搭、美妝和拍照，以此為樂；但既不喜歡深度思辨，也不在乎拓展眼界。我們也許都認識這樣的人，印象中那個美麗而蒼白的人。P.226 是他的時間花園某天的樣子，其中不包含賺錢時間和心流時間。

有些人選擇沉浸在大量好玩時間裏，包括玩遊戲和看劇，既不太在乎自己好不好看，也沒有發現熱愛和挑戰，因此沒有甚麼真正的心流時間。其實我們知道，這些佔據時間花園最大面積的，實際上都是被綁架的好玩時間。這一人群也有一個共同的稱號，在英文中叫作「梳化薯仔」（Couch potato），日文和中文叫作「肥宅」。

還有些藝術家、創作者或者科學家，每天都沉浸在心流時間裏，他們不在乎外表，認為和靈魂生活相比，皮囊不重要。與此同時，他們也不太在乎外界的評價，是否邋遢、是否值得、投入是否換來了財富。這些人對大家來説神秘而自我，但也常常令人肅然起敬。

就像大家覺得有錢人通常有錢而不幸福一樣，有的人會把賺錢時間排在第一位，除了賺錢時間其他方面確實很空洞，並沒能擁有足夠的時間發展生活的其他方面。最糟糕的是，機械的賺錢時間並沒有轉化為心流。

人長期被生存時間消耗時間和精力，會活得疲憊而惶恐。一個疲憊而惶恐的人常常負擔不了理想和希望，他們不再主動選擇好看時間、好玩時間，更何況心流時間，他們機械、麻木、痛苦，感到沒有出路。

因為重疊時間的存在，花園模型遠遠不止 36 種。人與人全然不同，使用時間的區別，堪比非洲草原上的物種差別，那麼多、那麼大。但我們在花園模型中也明確看到，在新一天

「美麗而蒼白的人」的「五種時間」花園模型

24小時時間花園

美麗而蒼白的人

- 除生存時間外，好看時間佔據主導地位
- 無心流時間

「梳化薯仔人」的「五種時間」花園模型

24小時時間花園

睡眠、工作、飲食

上網、直播等娛樂

梳化薯子人

- 除生存時間外，好玩時間佔據主導
- 無心流時間、賺錢時間和好看時間

生存時間　賺錢時間　好看時間

好玩時間　心流時間

「邋遢但幸福的人」的「五種時間」花園模型

24小時時間花園

邋遢但幸福的人

- 除生存時間外，心流時間佔據主導地位
- 無好看時間
- 心流時間極易與好玩時間、賺錢時間重疊

「富有但不幸福的人」的「五種時間」花園模型

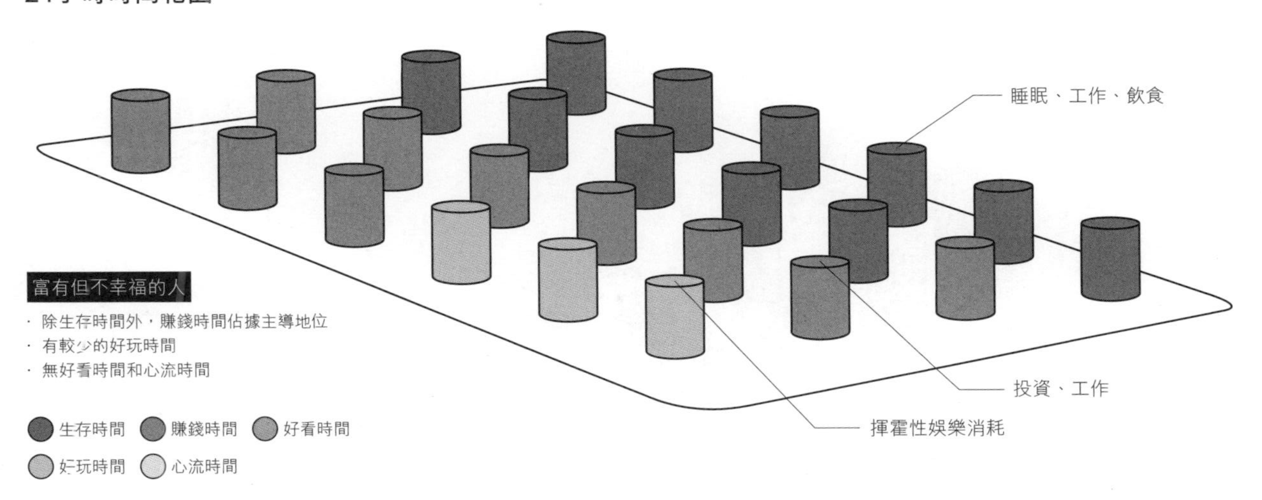

「機械而麻木的人」的「五種時間」花園模型

24小時時間花園

睡眠、工作、飲食

上網、直播等娛樂

機械而麻木的人

- 生存時間佔據主導地位
- 無心流時間、賺錢時間和好看時間
- 業餘被好玩時間填滿

生存時間　賺錢時間　好看時間

好玩時間　心流時間

來臨之時，在心流時間的爭取中，在對生存時間的逾越中，人始終有選擇時間的自由，人終究是通過選擇如何使用時間而選擇成為甚麼樣的自己。時間看得見。

幸福感植物

我們都知道，無論怎麼打理這座時間花園，終究還是希望自己得到快樂和幸福的，縱然生存時間之中的痛苦是必要的選擇。而無論我們把生存時間之外的其他時間怎麼排列組合，都是為了獲得現在或未來的快樂，也是為有機會安排心流時間而擁有幸福的機會。

希望花園模型和以上各種時間組合能夠解開你許久以來的困惑。

在約 20 年前，我認定世俗成功是唯一值得努力的方向；因為我看到所有人都在朝一個目標向上攀爬，評價人與事的問題都是「值得嗎」、「有用嗎」、「投入產出比高嗎」和「為了甚麼」。

現在，在我理解了「五種時間」體系後，在所有問題之中，一直應該被問、最有建設性，也常被我拿來捫心自問的問題就是「為了甚麼」。這個問題，明確地在引導人辨認當下行為的目的，現在你應該明白而且可以充分解答了。

你這麼苦、這麼迷茫，是因為你正處在時間花園的生存時間當中，試圖逾越。

你這麼付出、這麼等待，是因為你正處在時間花園的自由排列之中，你想投入時間給好看、好玩和賺錢，不僅要得到結果，還要得到結果中的快樂。你知道得到快樂的瞬間就如叔本華的鐘擺，會短暫而無聊，但你也願意反反覆覆地得到它。自由排列裏充滿了更高的閾值、沸點和成癮性，你樂此不疲，圖的就是快樂。

你想尋求超越，繼續向深處探索，就回去種植心流時間植物，你圖的就是幸福，你圖的就是此時此刻。

我曾採訪一位普遍意義上的成功人士，當時我向他提問下一步的人生規劃，他說還沒想好，他的真實答案是：「下一步，要麼信佛，要麼放縱，實在還沒想出別的選擇。」

當時的我不理解，現在的我理解了。他的時間花園繼續耕種下去，只有兩個選擇。一個選擇是無限擴大自由排列裏面的賺錢時間，他知道，賺錢時間就是一次次達到目標，繼續刺激多巴胺分泌，但他需要更多、更大的刺激，才能超越之前的快樂體驗。他說的放縱，就是賺錢時間無限延伸的無力感。另一個選擇是尋找心流，但由於此前缺乏心流體驗，他所知的心流是宗教中的某種極度快樂，也許來自冥想、內觀、入定或甚麼，但並不確切地知道。了解心流腦神經科學的知道，那是大腦中 6 種激素同時分泌的幸福感。6 種激素中具有代表性的，就是讓人感到平靜、安寧的內啡肽。

現在，我們和他都有了結論，他的人生計劃應該是播種心流時間植物，擁抱內啡肽，擺脱多巴胺的控制。20 年過去了，我也終於懂了，讓我們與他共勉。

理想模型存在嗎？

如果你是飛鳥，那麼在天空中，你應該用多長時間來振動翅膀，多長時間來翱翔？

如果你是魚，那麼在河流裏，你應該用多長時間來游，多長時間來漂流？

如果你要成為一個理想中的你呢？

世間到底有沒有一座對於你來說完美的時間花園，裏面排列着精心選擇的 5 種時間植物，每一株都晶瑩飽滿，生長着你所有的渴望？到底有沒有一個指導排列的量化標準和優先級原則，能讓你不再患得患失，而是把時間植物篤定地種下後，只耐心等待開花結果？

打破生存時間的無限循環

我是一個創業者，為了公司的生存和發展，需要有更加複雜和嚴苛的時間管理觀念。在各種時間優先級的調整中，我經常為了計劃中的未來犧牲當下的快樂時光。如果某一天把玩耍優先了，過後我會擔心，其實玩耍的當下我就開始擔心了。我既怕未來不來，也怕未來不像我期望的那樣來，更怕未來是因為自己不夠努力才不來的。我始終不知道多努力才算努力，努力到甚麼程度才有資格玩耍和休息。

我的工作和生活密不可分，認為把握人生的方式在每一天裏，唯獨不在玩耍和假期中，反而是假期會把我連綿的人生切割開來，令我打破節奏，被迫休整。我選擇創業，就是選擇不再有真正的假期，心裏不放假，去哪兒都難免掛礙。我長期認為不存在關上電腦和手機就告別工作這件事，我就算關上腦子，一切問題還是我的，問題不會自動解決。

我到過各種地方，大多風景怡人，我也讚歎，也盯住欣賞，也拍照；但總忘不掉出發前沒做完的那些事，也忘不掉我還在去往未來目標的途中。何止忘不掉，簡直就是謹記在心。我也曾經認真思考享受當下和計劃未來的比例關係，我知道二者兼備是健康的，但不知道這兼備如何實現。人們在假期中實現活在當下到底有哪些具體操作？還是説，人們其實也都在瞻前顧後中度過了假期。

這其中最大的問題是，為了活在未來，錯過了此刻，但是真正的人生不就在此時此刻發生着嗎？我曾經的努力，是為了此刻，但我又因為還沒到來的下一刻，不敢享用眼前的此刻，陷入了生存時間的無限循環，這分明是一個悖論。要獲得時間花園的理想模型，我需要先打破這個悖論。

像我一樣陷入生存時間無限循環的還有很多人，有些行業確實存在以高強度工作為榮的現狀。這種現狀給「超高的工作強度」（主動選擇的生存時間）帶來了可疑的自豪感和充實感。身處其中的人接受了「更長的工作時間＝更大的存在意義和價值」帶來的榮耀和滿足，用新的邏輯克服了自己內心的不適。

我和他們一樣，因為陷入生存時間太久，淡忘了其他時間給過我的快樂和意義。五種時間相比較確實有優劣之分，但最優的是心流時間，它並不直接指向工作和金錢。各個種類的時間有各自的用處和價值，但是並不存在沒用的時間。沒用往往是在規定目標下對事物的判斷。我們面對的是整個生活，當生活中存在多樣化的目標時，每一個匹配目標的動作就都能發揮各自的作用。只是因為一件事不能賺錢，繼而導致不能增加財富用以消費，就判斷它沒用，那只能說明這個人的目標已經塌陷得十分狹窄，並且已經跌入消費主義的陷阱。

如果人真的分階層，我們也在努力工作和生活，向更高的階層晉級，更高階層的標誌應該是：擁有更多時間享受最優體驗。那時我們既有更多心流時間的保障，也更懂得心流時間的珍貴，不得不說，這都很需要賺錢時間和好玩時間作為支撐，金錢和見識會為心流時間的獲得提供更多的條件，但並不絕對。如果人真的分階層，每一類人的時間花園的樣子必定是不同的。

我們這麼努力是為了追求卓越，真正的卓越肯定不是持續勞動的能力。我們需要以逾越階段性的生存時間為榮，而非以超長的生存時間為榮。

▶ 津巴多教授的建議

現在，你每天擁有一座新的時間花園，你做好準備甄選自己的 5 種時間植物並耕耘其中，你也下定決心，不再於生存時間中困頓。但你依然想知道，這五種時間，先安排誰，各安排多少才能讓自己心安理得。這些選擇之中，既包括贏在未來與玩在當下的矛盾，也包括拼搏事業與享受家庭的矛盾，那這世間到底有沒有一種時間植物的排序方法，能讓一個人兼顧和擁有一切？

美國心理學家菲利普・津巴多（Philip George Zimbardo）在《津巴多時間心理學》這本書裏的研究結論，提供了一個關於享受當下和計劃未來比例的重要參考。要理解這個結論，就要先理解津巴多教授提出的時間觀理論。

時間觀理論認為，每個人看待自己人生的過去、現在、未來的態度，都可以經過測試得出，既有的時間觀被區分為 6 種：

1. 積極的過去時間觀

擁有這種時間觀的人以積極的態度組織記憶。每當回顧過去，他們會認為自己度過了一段快樂美滿的人生，並為此感到滿足。

2. 消極的過去時間觀

擁有這種時間觀的人回顧過去，會感覺曾經的經歷糟糕，令人沮喪。

3. 享樂主義的現在時間觀

擁有這種時間觀的人講究及時行樂，今朝有酒今朝醉，花開堪折直須折。

4. 宿命主義的現在時間觀

擁有這種時間觀的人用命運來解釋已發生和未發生的事，覺得自己力量渺小，命運不能改變。

5. 未來時間觀

擁有這種時間觀的人擅長做計劃和延遲滿足。他們志向高遠，樂於計劃和執行。對極端的未來時間觀者來說，停下來享樂就是浪費時間。

6. 超未來時間觀

這種時間觀與宗教信仰有關，未來指向來世，現在的行為也在為來世做積累。

通過測試，每個人會在測試結果中發現自己兼具這 6 種時間觀，代表每個人對人生中時間的看法各不相同，時間觀也能解釋很多問題，譬如：

吃撐是一件享樂主義的現在時間觀的事，是為了滿足當下的食慾；
鍛煉是一件未來時間觀的事，是為了塑造未來好看的身材；
戀愛是一件享樂主義的現在時間觀的事，當事人現在相愛；
結婚是一件未來時間觀的事，當事人要求未來。

加入時間觀理論看待問題之後，你會發現很多區別都在於這個行為是要現在，還是要未來。

在了解 6 個時間觀的描述之後，我們會發現對「五種時間」優先級的困擾來自其中「享樂主義的現在時間觀」和「未來時間觀」的矛盾。在我們擁有的 5 種時間中，好玩時間、心流時間顯然屬享樂主義的現在時間觀，立刻就要收穫好玩和心流。而生存時間和賺錢時間的特點則是：生存時間是為了以後能逾越這一時間，賺錢時間是為了以後能賺到錢，二者顯然是屬未來時間觀的行為。好看時間就要看具體看甚麼了，如果用來健身，就是典型的未來時間觀。

接受測試的每個人會在測試結果中發現自己兼具這 6 種時間觀，每種時間觀會獲得一個對應分值。針對結果，津巴多教授給了人們一個標準答案——世界上可以存在一個健康、平衡、快樂的時間觀配比。相似的高水平的未來時間觀與享樂主義的現在時間觀，再加上大劑量積極的過去時間觀，就是最理想的時間觀組合模式，也是這個時間觀心理學的精髓。

總結起來就是，有些時間是為當下服務的，有些時間是為未來服務的。當我們把它們安排到在人生中的重要性和行為的比例為 1:1 的時候，我們最心安理得。或者說，當我們滿足於現在，不滿足於未來時，我們的時間管理最能兼顧當下與未來的收穫。

按照津巴多教授的建議，我們獲得了一座時間花園中五種時間最讓人心安理得又兼顧現在與未來的佔比模型。

我稱之為「五種時間的最優模型」：

- **心流時間的佔比盡可能高；**
- **心流時間盡可能與其他時間發生重疊；**
- **生存時間的佔比盡量低。**

對每一個個體來説，理想的花園模型都是存在的，但它不可能具備固定標準，因為生活可以隨着時間植物的組合變化呈現無數種樣貌。我們可以明確的是：如果你在一切時間分配中都追求心流，那麼生活會呈現一種全新的快樂。你需要靠智慧和勇氣揭秘自己的時間排列順序，是摸索讓瑣碎的時光

津巴多教授建議的最佳組合

The Optimal Portfolio of Time Perspectives

	消極的過去時間觀	積極的過去時間觀	宿命主義的現在時間觀	享樂主義的現在時間觀	未來時間觀
99%	4.7	4.11	3.89	4.65	4.15
90%	4.0	3.67●	3.11	4.53	3.85
80%	3.7	3.53	2.78	4.33●	3.69●
70%	3.4	3.44	2.67	4.13	3.62
60%	3.2	3.33	2.44	4.0	3.54
50%	3.0	3.22	2.33	3.93	3.38
40%	2.8	3.11	2.22	3.8	3.31
30%	2.6	3.0	2.0	3.67	3.23
20%	2.4	2.78	1.89	3.47	3.08
10%	2.1●	2.56	1.67●	3.27	2.85
1%	1.4	2.0	1.11	2.67	2.31

強烈的積極的過去時間觀

適度的未來時間觀

適度的享樂主義的現在時間觀

弱的消極的過去時間觀

弱的宿命主義的現在時間觀

●----- 理想時間觀分值

變得豐富與雋永。在挑選時間植物再播種的過程中，人本身就是自由的。

如果你準備開始應用五種時間花園模型來為自己重建新秩序，你就不需要向太多人展示和宣佈，默默排列和執行即可。當你心裏真正想要時，要明確告訴自己想要的強烈程度，只有意識到強烈程度，你才會採取行動。

作為示例，我再認真排列一次我現在的個人優先級和花園模型，它們應該是：心流時間、好看時間、賺錢時間、好玩時間、生存時間。

要問為甚麼賺錢時間依然排列在第三位，那是因為經過近兩年的鑽研和努力，在工作日，我的心流時間、好看時間都能夠做到和賺錢時間更多地重疊了。當我寫作時，心流時間和賺錢時間重疊，當我健身和錄製健身視頻時，好看時間和賺錢時間重疊。正因為這經常發生的二重疊，我更多地走在了超級 R 的曲線上，也終於得以逾越本階段的生存時間。

每個人都要找到自己的理想模型，要始終挑選你熱愛的時間植物，不要退縮，不要姑且為之，不要使它看起來合別人的邏輯，不要依據潮流修改你的靈魂。相反，只有狠狠追隨最強烈的心流體驗做選擇，內心世界和現實世界的路徑才能連接。

「五種時間」花園的最優模型

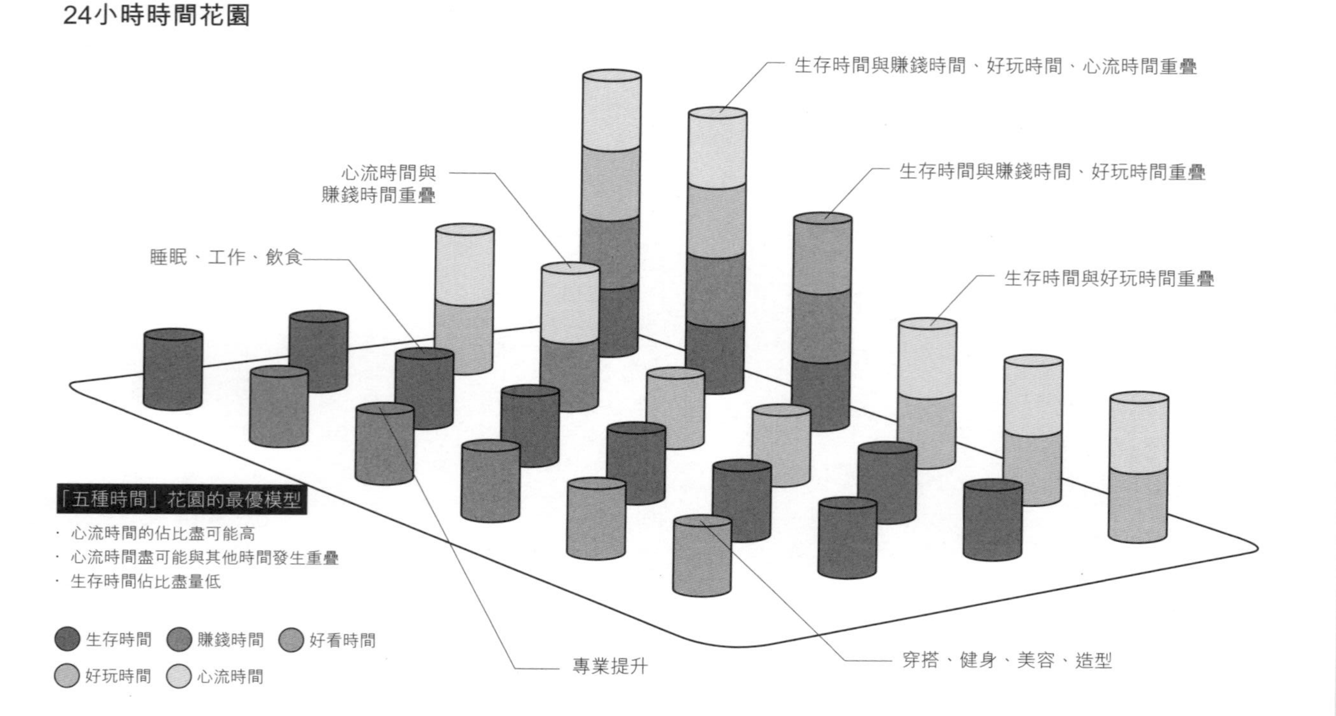

真正的訊息，是只有做了才知道的訊息；真正的技能，只能是在嘗試中積累的技能。要使用時間花園自然生長和生態交織的力量幫你完成工作，你就必須和時間合作，讓未來自然而然地發生。

在平凡的每一天，把自認為最需要的時間植物，都一一種植在時間花園裏，剩下的就交給歷史進程了。

"You are the focused, committed and determined one."

by Wang Xiao

"你就是那個專注如一、說到做到、意志堅定的人。"

王瀟

08

命運地圖

你就是那個專注如一、説到做到、意志堅定的人。

每一天就是一座時間花園，用來播種 24 株時間植物。人生中分佈的時間只有 5 種，所以不是種滿這幾種時間植物，就是種滿那幾種時間植物。

我們面對的未來，需要種滿千千萬萬座時間花園。如果你清楚自己人生的道路是要攀爬一座高山時，在陌生的土地耕耘就更成為一個極其恰當的比喻。放眼望去，這些花園將一直排列到你要去的山峰，還會越過山峰，排列到生命的盡頭。

接下來的命運，就是你的願景在時間裏鑄就的，願景被細分凝結在時間植物上，就灌注在你每天的時間花園之中。如果想預示和掌控命運，你就不得不選擇和關注每一株具體的時間植物。此時此刻，你到底選擇了甚麼？

願景決定了我們會選擇甚麼樣的時間植物，時間植物的積累又反過來把願景變成了現實。要想讓時間花園對命運產生作用，就需要願景，而人和人最大的區別就是願景。

繪製地圖：願景故事

了解「五種時間」和時間重疊的所有奧義之後，你已經有能力為自己繪製一張命運地圖了，並按照「五種時間」的方法繪製出接下來的路線和里程碑。有了路線和里程碑，你就會知道要朝向何方播種。

現在的你正位於地圖的起點，首先需要確定前面的第一個終點在哪裏，否則無法繪製路線。

在第一章，你獲得了一個有效的參考依據——追悼會策劃表，此刻你可以回顧這份重要文件，仔細閱讀那上面已經寫好的生平，因為生平部分的描述最接近你的願景。你需要端詳，你曾為自己的命運寫下一個甚麼樣的故事。

繪製地圖的關鍵就在於，你要為自己講一個甚麼樣的故事。這個故事蘊含着你最重要的精神資源、最直接的信念：「看！這就是我要成為的人，要做到的事，能具備的力量，能渡過的難關。」

現實用來震懾人的終極武器就是死亡，這場死亡預演已經替你過濾掉不重要的訊息。死亡是我們終將到達的終點，願景如果不兑現，生與死之間的可能性就會作廢。在這份追悼會策劃表的描述中，刪除那些縹緲的好和壞，願景的實現簡潔到由兩個方面構成：一個是有待解決的問題，一個是正在嘗試的方法。一切都特別具體，具體到可以凝結到每一種時間植物裏。

你也許會認為這一版生平中有很多不切實際的地方，圖像遙遠而模糊，但是又似乎透露着可能性，每當念及這些可能性，你依然會為之激動。要永遠保留這一版生平，不要刪除和覆蓋你給過自己的最狂野的想像，因為人一定無法到達自己根本不敢想像的地方。只要還有足夠的時間，可能性就蘊含在五種時間的排列組合之中。

死死盯住你的願景，未來的時間、行為和選擇一定會令其慢慢清晰。只要盯住它，模糊的願景會像無形的力量一樣操縱你的追求，給你動力和耐心收集拼圖，圖像越清晰，你就越具備長期的驅動力。

請在地圖上的起點處，寫上此時此刻的時間和地點。挑選一個遠處的旗幟，寫上願景實現的具體年份，你可以選擇 10 年、5 年或 3 年的時間維度，這取決於你現在的狀態和你決定給自己的時間段。在旗幟旁，你會看到五種時間的顏色，這代表着你對願景中五種不同目標的分解。

根據生平中你對五種時間各類目標的渴望程度和現在的可執行程度，對五種時間的優先級進行排列，依次從下到上填寫在表格之中，這個次序將是你長期安排日程時會參考的五種時間優先級次序。

在願景到來的那一天，你的目標無論是擁有着甚麼樣的心流成就、賺錢結果、好看程度、好玩體驗，都需要用 SMART 原則（註 5）量化並填寫下來，就像你寫生平時一樣。而在那時，你還需要做一個核定，即你認為那時還存在的生存時間，是一個在何種高度上的考驗。正如我們所知，生存時間會在每次晉級後重複出現，需要終身逾越，那麼你也要為那時候強大的自己設計一個匹配的難度：當願景到來時，你正逾越到哪一關。

特別是，這一份「五種時間」的願景和我們在趁早效率手冊上看到的大概率幸福的目標清單再也不相同，你會清晰地看到自己的人生將以全面而立體的方式呈現，無論你想要哪一種體驗和成就，都擺脱了人云亦云的評價，在最初就清晰地確定了自己的標準。

路線：榜樣的生平推演

只要具備了起點，就有了出發的可能。起點是你的時空坐標，核定了你與萬事萬物之間的距離和關係，讓你擁有一個在格局與結構之中的位置。站在起點上環顧四周，你會看到遠方的可能性，往可能性會有不同的路徑，每一條路徑的

註 5：SMART 原則由彼得・費迪南・杜拉克（Peter Ferdinand Drucker）提出，五個字母分別代表具體的、可度量、可實現、相關性及有時限。

繪製你的命運地圖

Map Your Future

目標優先級

在五種時間的維度下，你當前的優先級排序

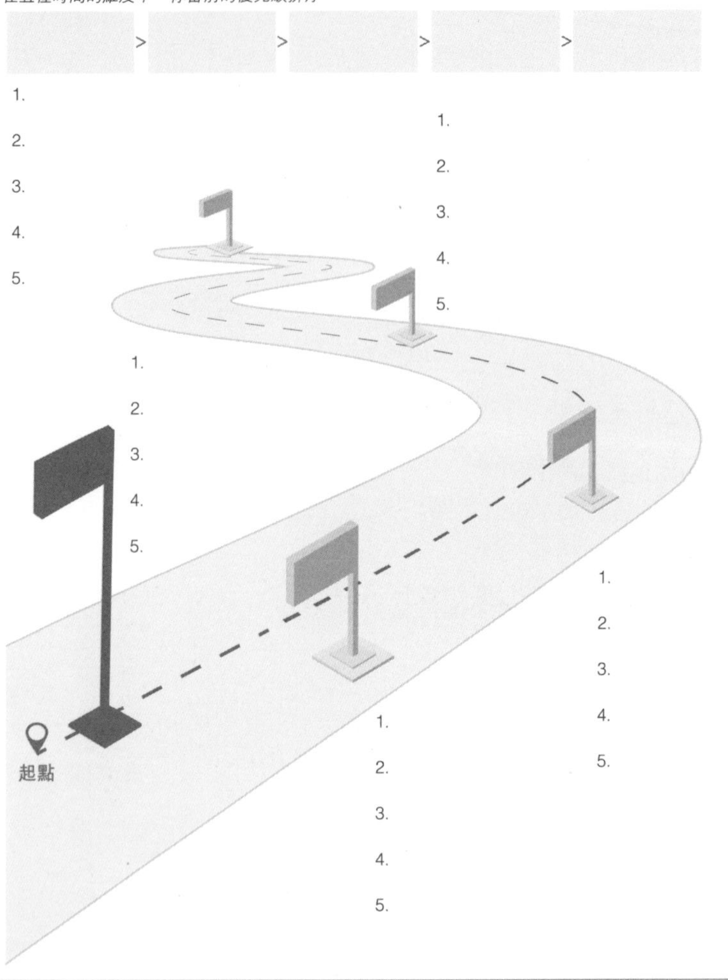

選擇不僅會引領你到達一個不同的結局，也會途經不同的風景。

我們踏上路，也同時踏入了一場冒險。冒險意味着，我們未必能按既定的時間和計劃達到目標，還有可能根本無法達到目標。在去往願景的路上，我們並不能預知收穫，可以預知的只是隨機、混亂、不確定，還有一定會發生的失眠。失眠不是最可怕的，如果失去了明天的方向和規劃，再好的今天也只是暫時的。若能夠花一夜時間想明白下一段路，失眠會令人重新獲得信念。

要得到超乎常人的願景，需有超乎常人的執行力。這其中還有一步，在每個關鍵時刻，要能設計出最攝人心魄的排列組合。在觀察人與人所得成果之間巨大的差異時，希望你的腦海中能迅速映現他們全然不同的時間花園的樣貌，他們常年為自己選好的時間植物組合，他們鍛造的屬自己的時刻。

當你需要向榜樣人物學習時，有個非常實際的方法，就是通過採訪或自傳（如能得到他們的時間表或直接與本人溝通最佳）來推演他們的時間花園的組合方式，尤其是時間重疊方式。榜樣人物很像生存時間中的教練，如果是行業前輩或者是確切實現過你想達到的目標的人，那麼他們的時間表，即一天中使用和分配時間的方式會極具啟發性。

用他們的時間表進行推演，就得到一個可以參考的花園模型。當你想成為一個像他們一樣的人時，就先模仿他們的花園模型。

按照村上春樹的自述，當他進入長篇寫作狀態，就會為自己安排非常嚴謹的時間表。

他的觀點非常明確：
年輕的時候姑且不論，人生中總有一個先後順序，也就是如何依序安排時間和能量。到一定的年齡之前，如果不在心中制訂好這樣的規劃，人生就會失去焦點，變得張弛失當……確立能專心創作小說的穩定和諧的生活。我的人生中，最為重要的人際關係並非是同某些特定的人物構築的，而是與或多或少的讀者構築的。催生出高品質的作品……不才是第一優先事項嗎？

想想那些時間花園，它們是原因也是結果，是驅動也是獎賞。再想到此刻的你，生活在你面前慢慢展開，可能性與未來交織在一起，未來回望此刻，一切都發生在今天，你開始填寫屬自己的命運地圖的這個瞬間。

村上春樹寫長篇小說的作息安排

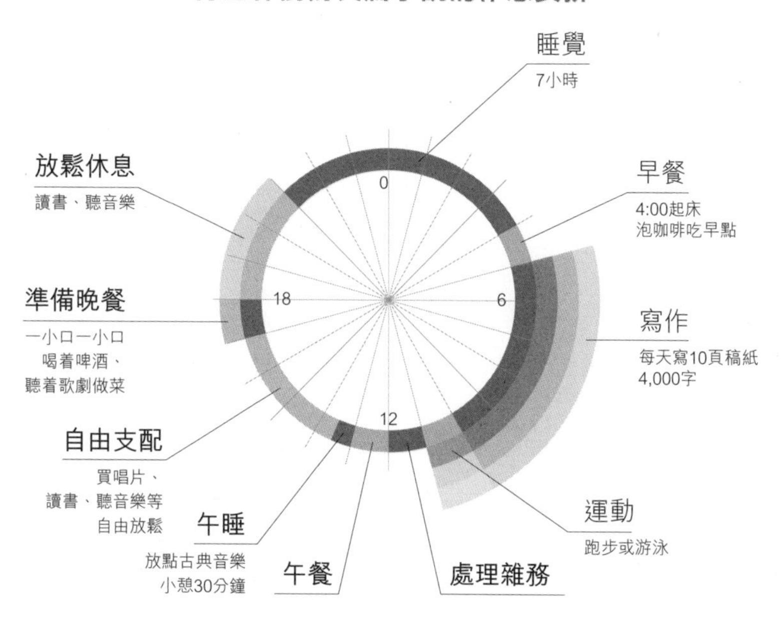

未來 24 小時錶盤

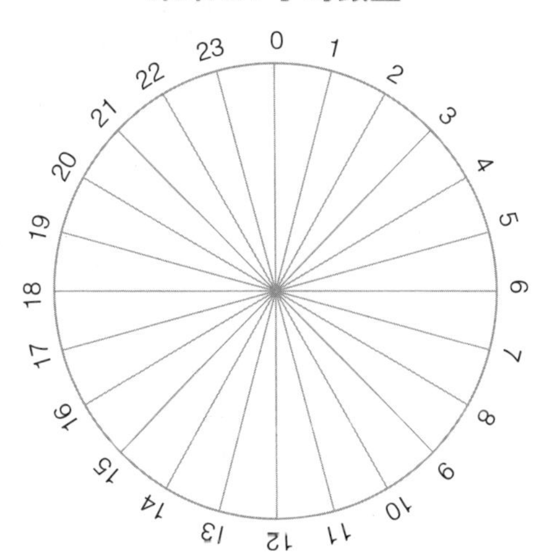

村上春樹寫作時的「五種時間」花園模型

24小時時間花園

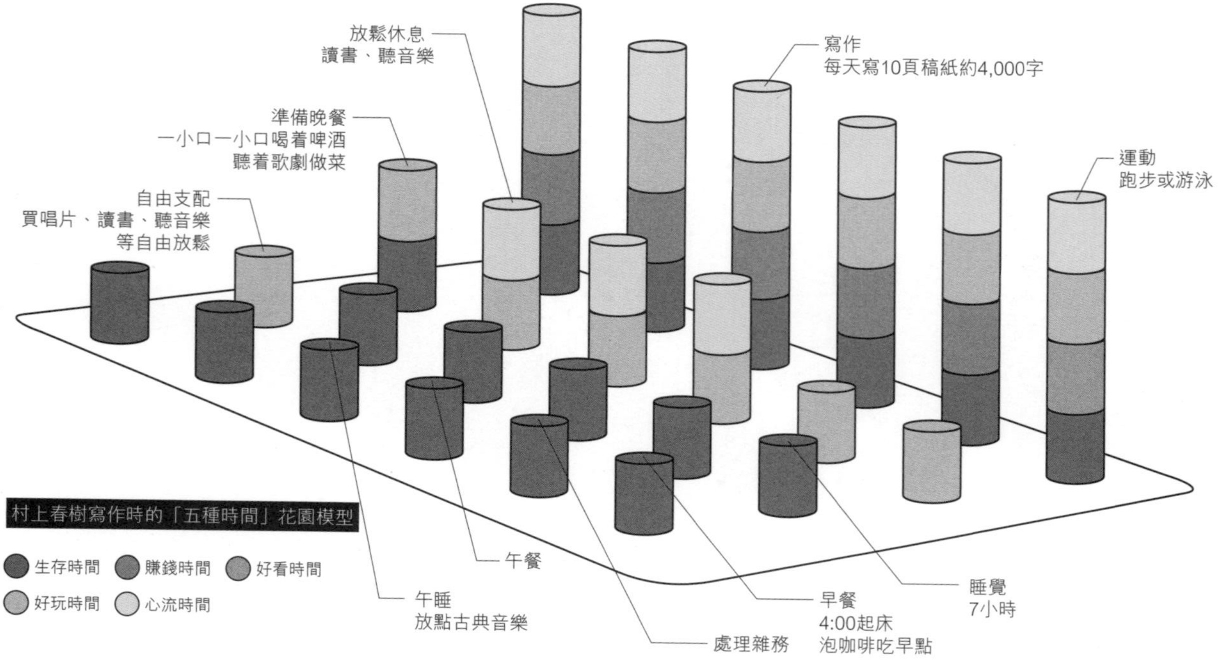

放鬆休息
讀書、聽音樂

寫作
每天寫10頁稿紙約4,000字

準備晚餐
一小口一小口喝着啤酒
聽着歌劇做菜

運動
跑步或游泳

自由支配
買唱片、讀書、聽音樂
等自由放鬆

村上春樹寫作時的「五種時間」花園模型

生存時間 賺錢時間 好看時間
好玩時間 心流時間

午餐

午睡
放點古典音樂

睡覺
7小時

早餐
4:00起床
泡咖啡吃早點

處理雜務

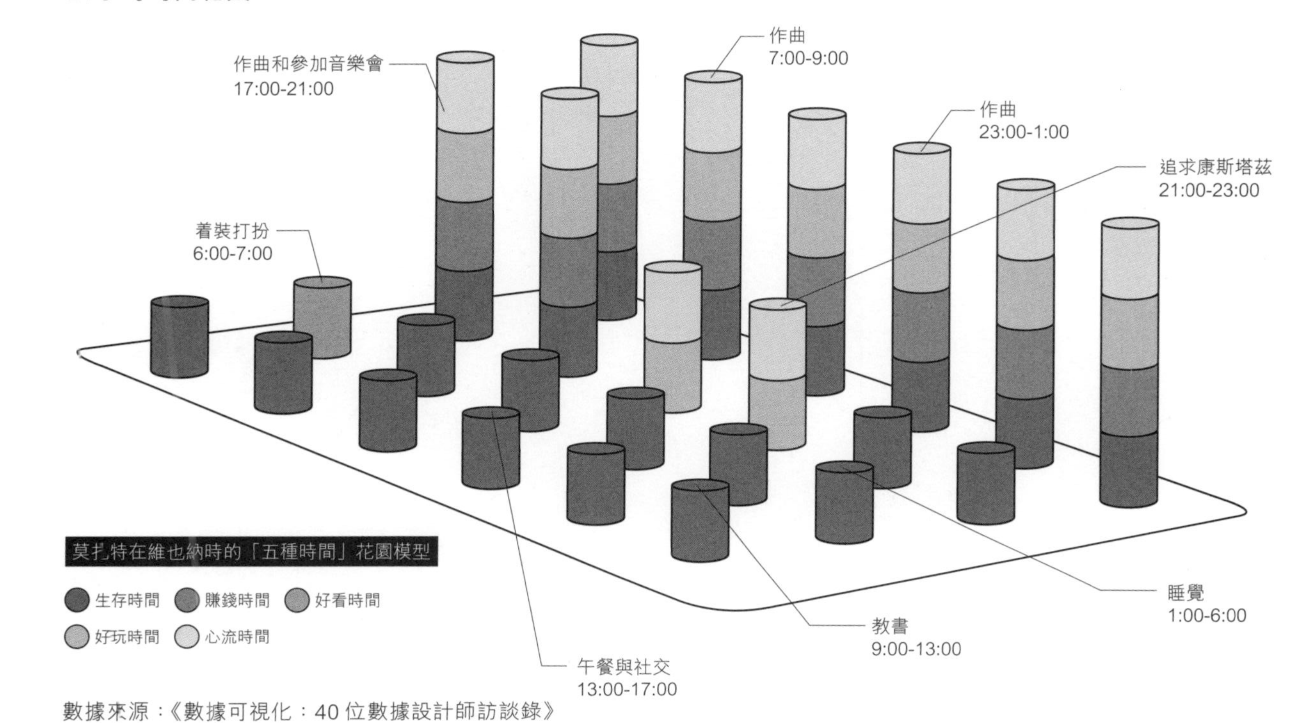

數據來源：《數據可視化：40 位數據設計師訪談錄》

里程碑：你的時間花園

這裏需要依次下降拆分的簡易表格，以及一個空的「五種時間」花園模型用於填寫或上色。

這裏是你全面書寫自己獨立人生的重要時刻。本書所有的敘述和結構，都在這裏匯聚；接下來要納入你的生活，就是現在、立刻、馬上。以上所有，請付諸行動，而不是隨便說說。

任何看似不可能的事情，都可以無限拆分至簡單到足以執行的步驟，一切達成皆有可行的路徑。這個倒推拆分動作，就是世間從大到小所有計劃的樣貌。在這個步驟裏，你需要將旗幟旁寫下的五種時間願景分別向下拆分，拆分到年，拆分到月，拆分到天。

為了詳盡地拆分，請你把它們一一按目標倒推。

譬如心流目標，如果你描述三年後的自己每天都有 2 小時處於幸福的心流當中，那麼也許倒推到眼下是你每天至少要做到 1 小時不玩手機的專注，這是 1 小時的心流時間植物。哪怕你知道以自己現在浮躁的狀況，專注 1 小時都很艱難，更別提感受到心流；但是為了目標，你必須安排 1 小時的心流時間用來練習專注。這 1 小時，你要遠離手機，看看自己還有多少深度思考的能力。

你知道心流很需要熱愛作為基礎，但是你沒發現自己真正熱愛的。於是倒推到現在，你需要為自己安排每天 2 小時的好玩時間。當然在過去，你每天也有甚至不止 2 小時的好玩時間，用來看劇、玩遊戲。現在你知道，雖然這些娛樂選擇都理所當然，但你不想就這樣被多巴胺綁架下去，於是決定轉換好玩時間的方向。

如果你是個年輕女生，本來就留意保養和化妝，好看時間對你來說最簡單了。不過既然長期主義的好看是修煉「內丹」的結果，你還是要趁早行動，養成習慣。這樣的話，在化妝和健身上你打算一天共用 2 小時，你想變好看嘛，還是要從容一點，於是你高高興興安排了 2 小時好看時間。

說到賺錢時間，你心情複雜，知道自己一直在這方面有惰性。你當然想有更多錢，每次用手機在朋友圈看到同學、同事炫富時也會心情不穩定。很長一段時間了，你說不好自己在等待甚麼轉變，不過到現在甚麼也沒有發生。你這回理解了人生終極等式的曲線，雖然還是覺得那樣的生活未免辛苦漫長，但也認同自己在人才市場上的確是個產品；遇到打擊和比較的時候，也想變成一個高手，擁有一項明顯、厲害的技能。那就安排賺錢時間，增強核心競爭力吧！你這樣想着，為自己目前最感興趣的職業技能訂立了一個學習計劃，

你的「五種時間」花園模型

24小時時間花園

你的「五種時間」花園模型

○ 生存時間 ○ 賺錢時間 ○ 好看時間
○ 好玩時間 ○ 心流時間

註：每種時間的顏色讀者可自行定義。

你看看一天所剩時間已經並不太多，為自己安排了每天 2 小時的賺錢時間。當然你也掌握了時間重疊的概念，於是你打算把這兩個小時和練習專注的 1 小時重疊起來使用。既然這樣，你索性 2 小時就都不看手機了！

剩下的時間都是生存時間了。你想到這裏歎了口氣，睡覺、吃飯之外，這個工作你已經越來越不喜歡了；但也有高興的時候，同事中有討厭的，但也有可愛的。也許你接下來的賺錢時間計劃執行足夠長的時間，就能用更棒的技能讓自己挪動一下呢，也讓那個討厭的同事看看！而且想想自己堅持鍛煉以後肯定會變漂亮，工作技能又變好了，那還是挺高興的。你決定在接下來的生存時間裏面，應該讓自己高興起來。

好了，就這樣，你已經把自己嶄新的時間花園打理好了！

當你能夠把五種時間的願景拆分時，你就發現，時間花園之中，確切的優先級和配比出現了。一切都由你的渴望倒推而來。你每一天的時間花園，就這樣積累生長出你的未來。

你的畢生願景，午夜來臨時的渴望，曾經的懊悔和覺醒，都可以通過每一天的播種向着未來整個人生擴散出漣漪。從此以後，你可以對自己、對外界傳遞簡單明確的訊息——我是誰，我在做甚麼，我帶着信念，我的時間花園鬱鬱葱葱。

後記

我們常常會注視着日落，看時間以肉眼可見的速度流逝。

少年時，每個人都曾經展開過想像，未來會是怎樣的生活，自己會怎樣，想知道能否成為獨特的、強大的、有感染力的人，美好時刻能否變成現實。後來歲月流逝，當發現真正可以擁有的生活和人生的種種可能性並不容易取得時，心中渴望的聲音會越來越微小，有時候我們會感到，終將會塌縮為一個真實的自己了。

每當你感到塌縮時，可以來翻動本書，對照你的感受，回顧你填寫過的表格和答卷。希望你能夠再次打量從腳下伸向遠方的時間，意識到在時間面前，你永遠都有選擇。

本書所描述的時間管理，其中的「時間」就是你的未來生命，「管理」就是要把你想講的整個故事嵌入命運地圖之中，然後按年、按月、按天耕耘你的時間花園。在訊息時代和智能時代，這條道路上的誘惑和困擾比以往任何時代都來得兇猛；因為它們會綁架你的注意力，瓦解你的力量，讓你變得猶豫和脆弱。但與此同時，這個時代對你完成故事的幫助，也比之前任何時代能給的都要迅速和全面，只要你認真做出每一次選擇，訊息會通過無數通道給你前所未有的支持和關注。

如果你一直渴望有一個人能敦促你走上這條道路，能夠在誘惑襲來時拉住你不放，不許你膽怯，不許你沉淪，不許你隨波逐流，不許你就此沉睡，那麼現在，你自己就是這個人。

參考文獻

[1] 亞伯拉罕・馬斯洛。動機與人格 [M]。許金聲等，譯。中國人民大學出版社：北京，2012.

[2] Behavioral Priming: It's All in the Mind, but Whose Mind[J/OL]. https://www.ncbi.nlm.nih.gov/pmc/articles/PMC3261136/, 2012-1-18.

[3] 阿圖・葛文德 . 清單革命 [M]。王佳醫，譯 . 杭州：浙江人民出版社，2012.

[4] 達蒙・扎哈里亞德斯。高效清單工作法 [M]。胖子鄧，譯。北京：機械工業出版社，2019.

[5] 卡羅爾・德韋克。終身成長 [M]。楚禕楠，譯。南昌：江西人民出版社，2012.

[6] 阿比吉特・班納吉，埃斯特・迪弗洛。貧窮的本質 [M]。景芳，譯 . 北京：中信出版集團，2013.

[7] 西恩・貝洛克。具身認知 [M]。李盼，譯。北京：機械工業出版社，2016.

[8] 埃米・卡迪。高能量姿勢 [M]。陳小紅，譯。北京：中信出版集團，2019.

[9] 米哈里・契克森米哈賴。心流 [M]。張定綺，譯。北京：中信出版集團，2017.

[10] 史蒂芬・科特勒，傑米・威爾。盜火 [M]。張慧玉，徐開，陳英祁，譯。北京：中信出版集團，2018.

[11] 馬爾科姆・格拉德威爾 . 異類 [M]。苗飛，譯。北京：中信出版集團，2014.

[12] 安德斯・艾利克森，羅伯特・普爾。刻意練習 [M] 。王正林，譯。北京：機械工業出版社，2016.

[13] Bandwagoneffect [EB/OL]. https://en.wikipedia.org/wiki/Bandwagon_effect.

[14] 菲利普·津巴多，約翰·博伊德。津巴多時間心理學 [M]。段鑫星，譯。瀋陽：萬卷出版社，2010.

[15] 劉素。馬克思的需要理論與美好生活的當代構建 [D]。上海：上海師範大學，2020.

[16] 吳鼎銘。互聯網時代的「數字勞工」研究 [D]。武漢大學，2015.

[17] 李美玲。意識、無意識獎勵啟動對執行控制的影響 [D]。北京體育大學，2019.

[18] Mike Caulfield.The Garden and the Stream: A Technopastoral [EB/OL]. https://hapgood.us/2015/10/17/the-garden-and-the-stream-a-technopastoral/, 2015-10-17.

[19] 王瀟。自己給的才是安全感 [EB/OL]。UL7YZt7WGiArtaCEPBw, 2015-12-16.

[20] Eric Richard Kandel. *The Disordered Mind: What Unusual Brains Tell Us About Ourselves*[M]. Farrar, Straus and Giroux, 2018.

[21] Daniel Markovits. *The Meritocracy Trap: How America's Foundational Myth Feeds Inequality, Dismantles the Middle Class, and Devours the Elite*[M]. Penguin Press, 2019.

[22] 史蒂文·布勞恩。數據可視化：40 位數據設計師訪談錄 [M]。賀艷飛，譯。桂林：廣西師範大學出版社，2107.

五種時間

重建人生秩序

著者
王瀟

責任編輯
簡詠怡

裝幀設計
鍾啟善

排版
楊詠雯、陳章力

出版者
萬里機構出版有限公司
香港北角英皇道 499 號北角工業大廈 20 樓
電話：2564 7511　　傳真：2565 5539
電郵：info@wanlibk.com
網址：http://www.wanlibk.com
http://www.facebook.com/wanlibk

發行者
香港聯合書刊物流有限公司
香港荃灣德士古道 220-248 號荃灣工業中心 16 樓
電話：2150 2100　　傳真：2407 3062
電郵：info@suplogistics.com.hk
網址：http://www.suplogistics.com.hk

承印者
寶華數碼印刷製作有限公司
香港柴灣吉勝街 45 號勝景工業大廈 4 樓 A 室

出版日期
二〇二二年九月第一次印刷

規格
特 16 開（213 mm × 150 mm）

Published and printed in Hong Kong, China.

ISBN 978-962-14-7443-8